適合全家共遊

親子一起玩恐龍

監修　群馬縣立自然史博物館

瑞昇文化

你知道恐龍是什麼嗎？

很久、很久以前，比人類誕生還要更早之前，
地球上曾經出現過一種
被稱做「恐龍」的生物。
恐龍跟現在的蜥蜴和蛇一樣
都是爬蟲類生物，但是牠們有很多種類，
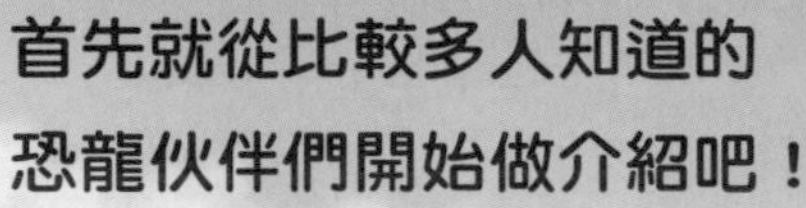
而且比人類和現在的動物都還要大上很多。
首先就從比較多人知道的
恐龍伙伴們開始做介紹吧！

給家人的話

從3歲多開始，伴隨著身體的成長，孩子的智力也快速發展。對顏色、形狀和物體大小都開始有正確的認知，雙手也漸漸變得靈巧。而且，好奇心明顯旺盛起來，開始會主動付諸行動以滿足好奇心。
本書便是為了這些開始知道有恐龍，或是很喜歡恐龍的孩子們所寫，收錄圖鑑、迷宮和圖畫找不同，還有摺紙和認識生物等豐富內容的益智童書。最好可以和孩子一起邊看邊玩，必要時給予提示或幫助，藉以提高孩子的興趣和理解能力。

目錄

跟著我一起進入
恐龍世界吧！

本書的閱讀方法

介紹恐龍的伙伴或是古時候
爬蟲類的伙伴。

介紹關於恐龍的體型大小、
化石和小知識。

從起點開始，
找到路線走到終點。

介紹怎麼看時鐘，
一起學會數數字。

比較兩張不同
的圖片，
找出不同的地方。

藉由玩接龍、
找字遊戲，
或是唸英文
來記住單字吧。

畫裡面藏了東西，
試著把它們找出來
吧！

來幫恐龍組隊
或是找找相同
外表的恐龍。

介紹用
方形色紙
來摺紙的方法。

來說說關於
恐龍三兄弟
的小故事。

這是可以
簡單畫出恐龍
的歌曲喔。

恐龍生活的時代

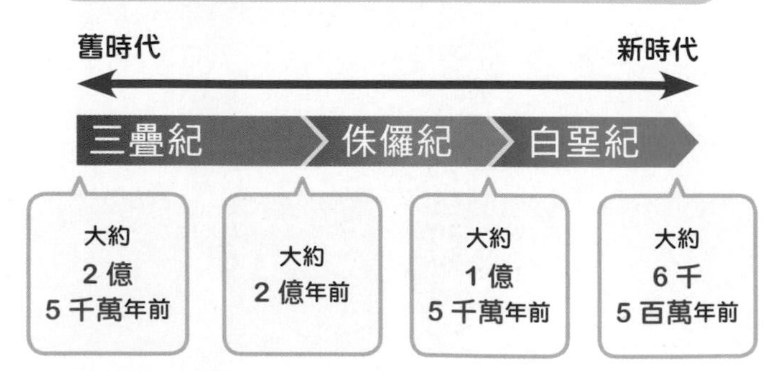

恐龍曾經分別活在「三疊紀」「侏儸紀」「白堊紀」三個時代。有標上顏色的那個時代，就是那個恐龍曾經生存的時代喔！

恐龍身體的大小

書裡面會將整隻恐龍從頭到腳的身體大小，跟車子做比較喔！被稱做翼龍的生物，就是在身體展開的狀態下跟車子做比較的。

這是什麼恐龍呢？

正確答案是……

三疊紀　侏儸紀　白堊紀

Tyrannosaurus
暴龍

是一種頭很大，愛吃肉的恐龍喔！
大家都叫牠「恐龍之王」呢！

喜歡吃的東西

肉

暴龍的

特徵

可以用來咬獵物的大大的牙齒和有力的下顎

又粗又大的牙齒上面
有著鋸齒形狀。
巨大的下顎咬東西很有力量，
連獵物的骨頭都可以咬碎呢！

支撐巨大身體的兩條後腿

長長的後腿非常有力。
又直又粗壯的尾巴，可以在走路
或是追逐獵物的時候
幫助維持身體平衡。

喜歡吃肉的大型恐龍伙伴

跟暴龍一樣有著大大的身體，而且也喜歡吃肉的恐龍，
被大家叫做「獸腳類」恐龍。

三疊紀 侏儸紀 白堊紀

Spinosaurus

棘龍

是一種臉型細長的恐龍，
背上立起來的骨頭
長得就像風帆。

喜歡吃的東西

魚、肉

身體的大小

大約14公尺

三疊紀 侏儸紀 白堊紀

Allosaurus
異特龍

是一種前腳有三根趾頭，
眼睛部位前有裝飾角的恐龍喔！

喜歡吃的東西

肉

三疊紀 侏儸紀 白堊紀

Giganotosaurus
南方巨獸龍

牠的頭比暴龍還要小一點，
有著又細又尖的牙齒。

喜歡吃的東西

肉

身體
的大小

大約13公尺

這是什麼恐龍呢？

這一次，有兩隻恐龍喔！
一隻恐龍，頭上有長角，
另一隻恐龍，頭上光禿禿的耶！

正確答案是……

Triceratops

三角龍

骨頭形成的又大又堅硬的頭盾用來保護身體，
上面的三根角則是用來跟敵人戰鬥。

喜歡吃的東西

植物

三角龍的 特徵

鳥喙狀的嘴巴 用來代替門牙

吃東西的時候，牠會
用鳥喙牢牢地叼住植物
再用尖銳的後齒
將植物咬碎後吞下肚子。

頭盾所扮演 的角色

可以讓身體看起來更大，
據說也跟大象的耳朵一樣，
有散熱的作用呢！

三疊紀 > 侏儸紀 > 白堊紀

Pachycephalosaurus

厚頭龍

有個圓滾滾、凸出來的頭頂，
頭頂周圍長了一圈
硬角和硬塊一樣的東西。

喜歡吃的東西
植物

厚頭龍的 特徵

像安全帽一樣的頭頂

頭骨的厚度厚達15公分，
硬得就像石頭一樣呢！

吸引母龍和爭奪地盤的武器

據說頭是用來
吸引母恐龍的注意，
也會用來爭奪地盤。

頭上有造型的恐龍伙伴們

頭上有造型的恐龍，被稱做「頭飾類」恐龍。牠們都是草食性恐龍喔。

三疊紀 侏儸紀 白堊紀

Pentaceratops
五角龍

包含臉頰上的兩根尖角在內，
牠的臉部看起來就像有五根角。

喜歡吃的東西
植物

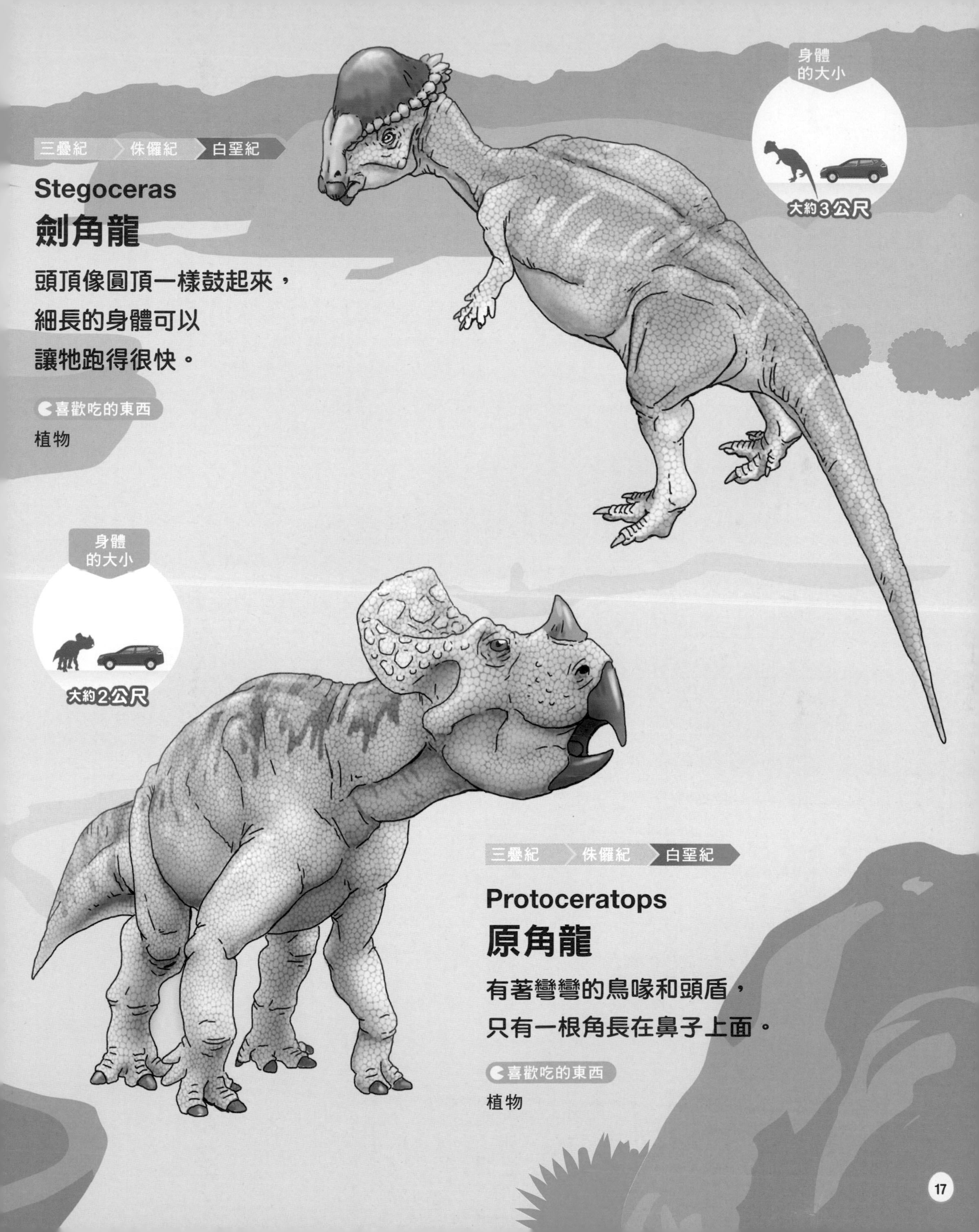

三疊紀 侏儸紀 **白堊紀**

Stegoceras
劍角龍

頭頂像圓頂一樣鼓起來，
細長的身體可以
讓牠跑得很快。

喜歡吃的東西

植物

三疊紀 侏儸紀 **白堊紀**

Protoceratops
原角龍

有著彎彎的鳥喙和頭盾，
只有一根角長在鼻子上面。

喜歡吃的東西

植物

三疊紀 侏儸紀 白堊紀

Styracosaurus

戟龍

據說頭盾邊緣長了六根長角，
是公恐龍才有的特徵。

喜歡吃的東西

植物

三疊紀 侏儸紀 白堊紀

Psittacosaurus

鸚鵡嘴龍

牠的臉長得像鸚鵡，
臉頰有小小的突起，
背部尾端上長了像羽毛的東西。

喜歡吃的東西

植物

這是什麼恐龍呢？

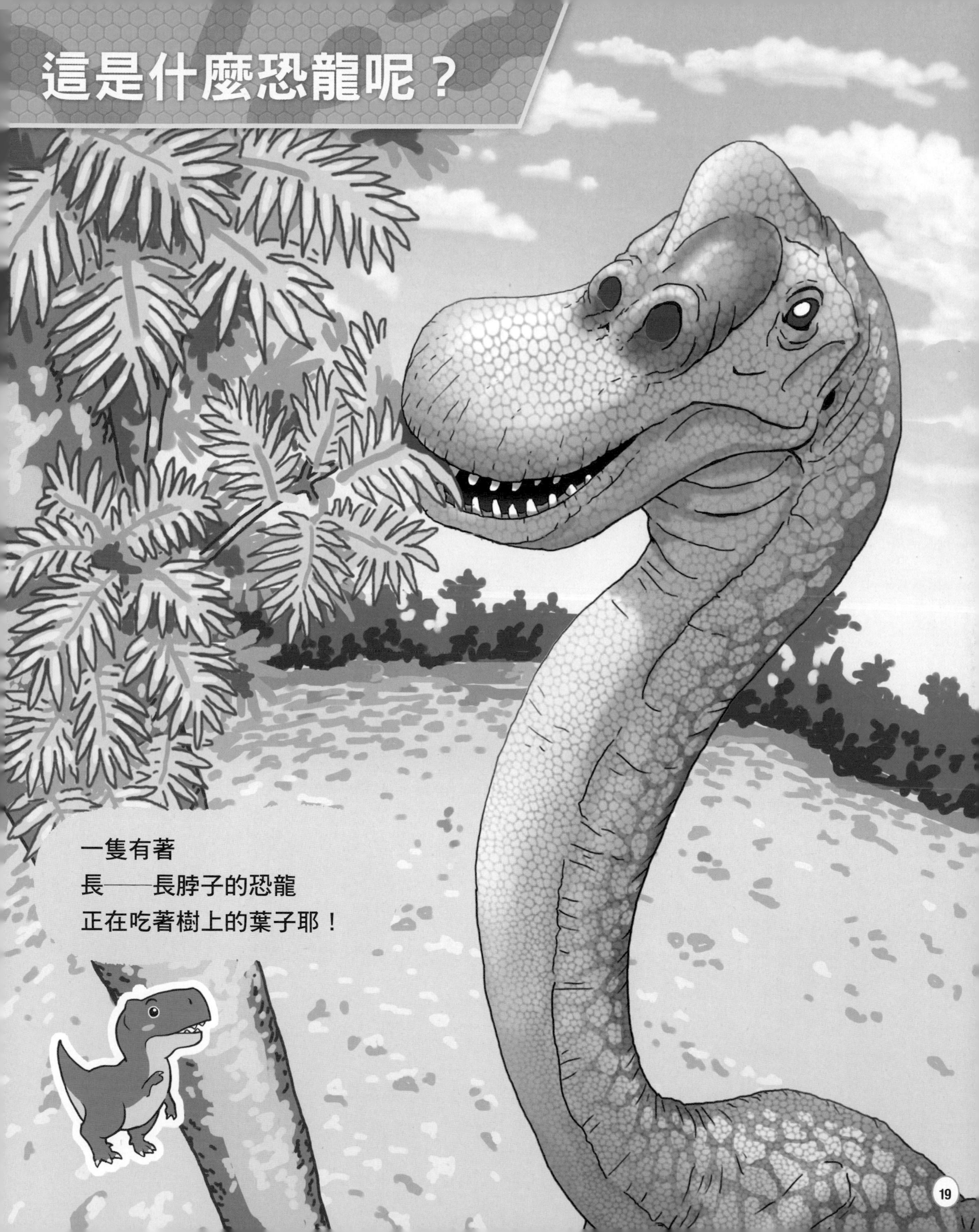

一隻有著
長——長脖子的恐龍
正在吃著樹上的葉子耶！

正確答案是……
身體
的大小
大約25公尺

三疊紀 侏儸紀 白堊紀

Brachiosaurus

腕龍

大大的身體加上長長的前腳，
讓牠可以吃到長在高處的植物。

喜歡吃的東西

植物

腕龍的特徵

肚子的裡面有小石頭！？

像腕龍這種只吃植物的草食性恐龍，
會把石頭吞到肚子裡。
據說是利用吞下的石頭來搗碎植物。

鼻子的位置在哪裡？

有人說腕龍的鼻子長在頭上面，
也有人說是長在嘴巴上面。
還有人說牠的鼻子跟大象一樣長呢！

脖子很長很長的恐龍伙伴們

脖子和尾巴很長的大型恐龍，都可以稱為「蜥腳類」恐龍。
因為這樣牠們才吃得到高處的樹葉。

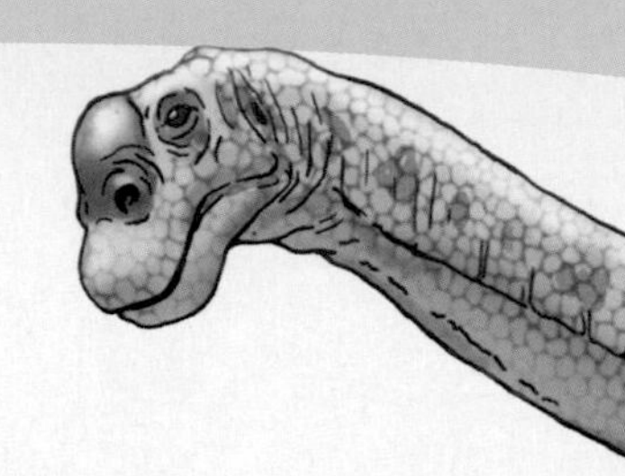

三疊紀 侏儸紀 白堊紀

Mamenchisaurus
馬門溪龍

長脖子的長度超過身體一半以上，
不太能夠彎曲。

喜歡吃的東西

植物

身體的大小

大約25公尺

Diplodocus
梁龍

有著像鉛筆一樣細長的牙齒，
像鞭子一樣的尾巴。
會揮動尾巴趕走敵人。

喜歡吃的東西

植物

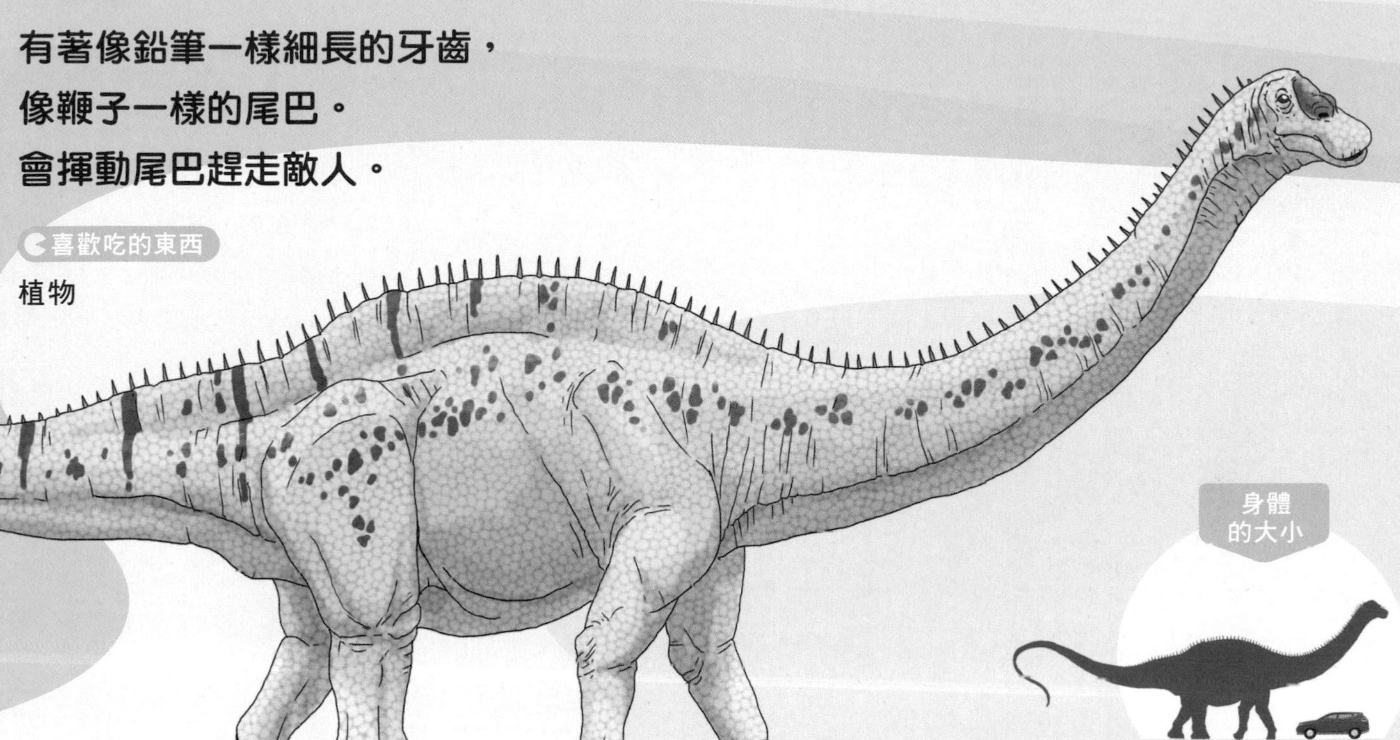

身體的大小

大約24公尺

這是什麼恐龍呢？

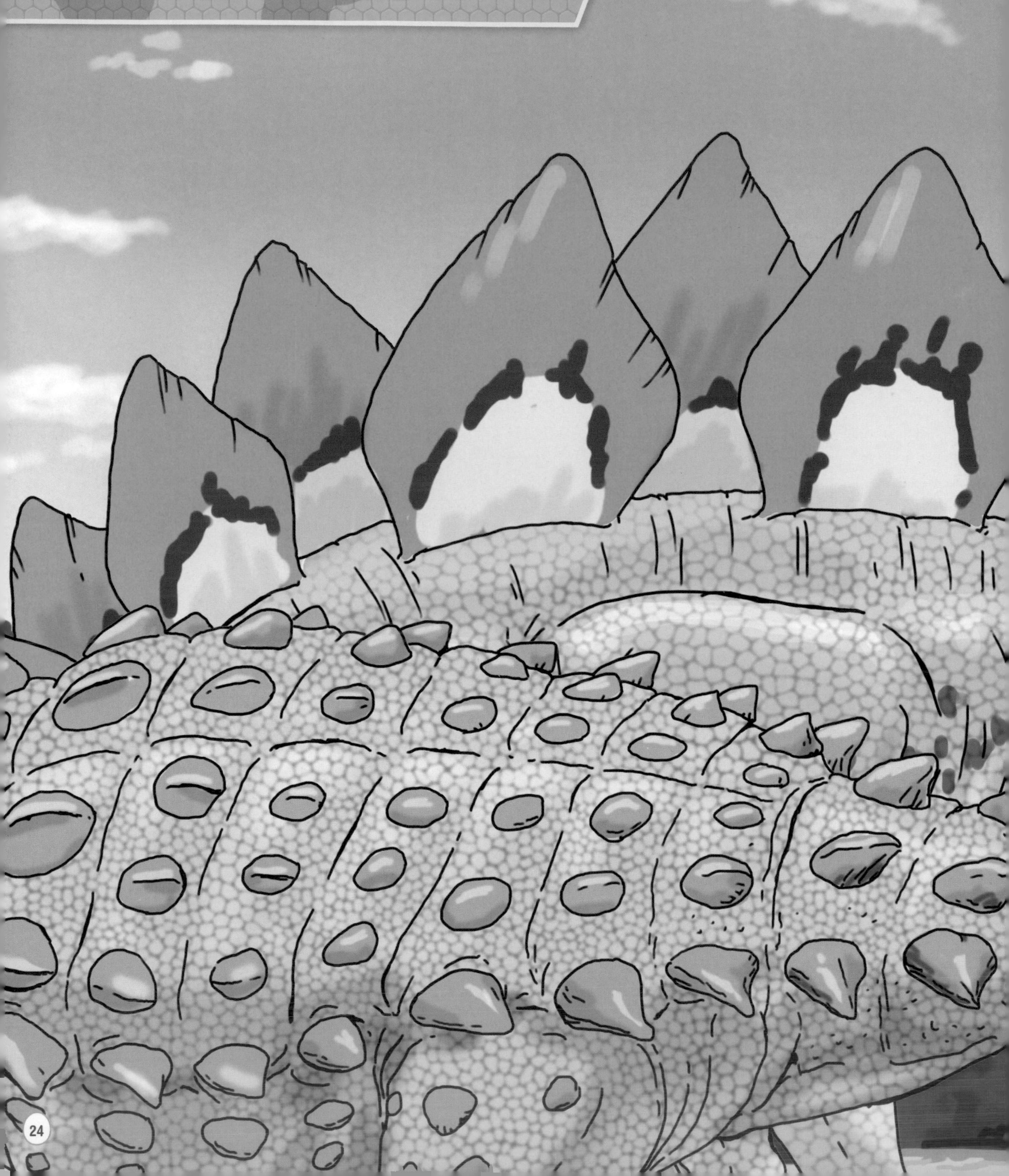

有一隻背上並列著骨板的恐龍，
還有一隻背上披著盔甲的恐龍。
?

正確答案是……

Stegosaurus
劍龍

長在背上的骨板是
用來向母恐龍求偶，
尾巴上的四根尖刺
則是用來跟敵人戰鬥。

喜歡吃的東西

植物

劍龍的 特徵

還有其他用途！骨板的功用

背上的骨板可藉由照射太陽光，
調節身體溫度。

又尖又銳利的四根尖刺

遇到敵人襲擊的時候，
會揮動尾巴來
擊退敵人喔！

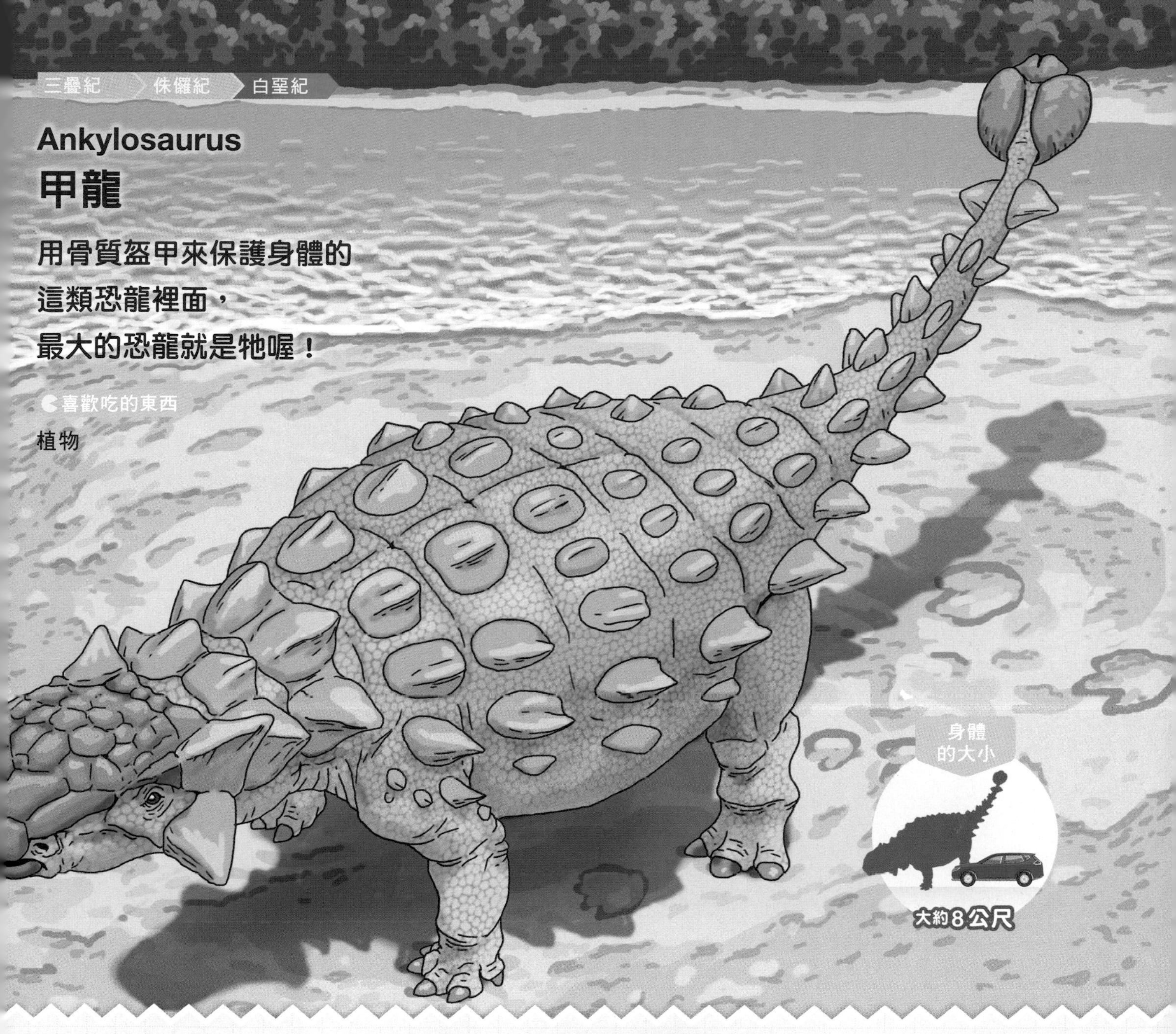

Ankylosaurus

甲龍

用骨質盔甲來保護身體的
這類恐龍裡面，
最大的恐龍就是牠喔！

喜歡吃的東西

植物

甲龍的 特徵

用來保護身體的尖刺和護盾

背上布滿了由骨頭
形成的盔甲，
保護自己不受敵人傷害。

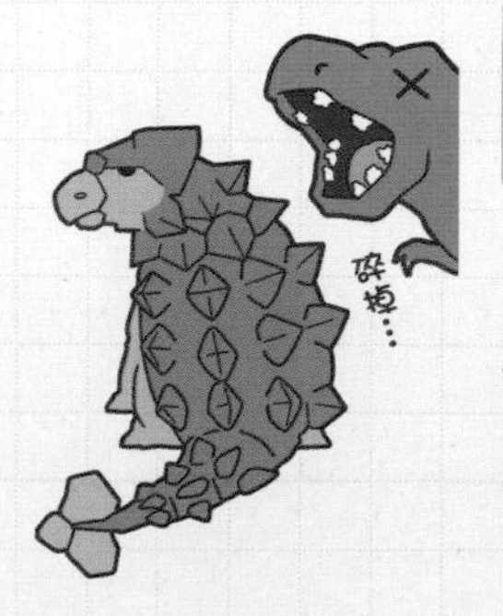

笨重的骨頭尾鎚

尾巴末端有著
像鐵鎚一樣的突起狀骨頭，
用來趕跑敵人。

恐龍之間的戰鬥

齊心協力一起打倒暴龍！

甲龍用堅硬的盔甲
不讓暴龍接近。
三角龍也用頭上的角
來嚇唬暴龍！

或許可行……

三角龍打中了！
甲龍也用尾巴發動攻擊！
牠們一起成功
擊退了暴龍！

身上有尖刺或盔甲的恐龍伙伴們

身上有著護盾和尖刺的恐龍叫做「裝甲類」恐龍喔！
大家都是吃植物的恐龍喔！

三疊紀 侏儸紀 白堊紀

Kentrosaurus
肯氏龍

脖子跟肩膀，還有背上都長了大根的骨質尖刺，
尾巴後面的四根尖刺是用來保護自己的喔！

喜歡吃的東西

植物

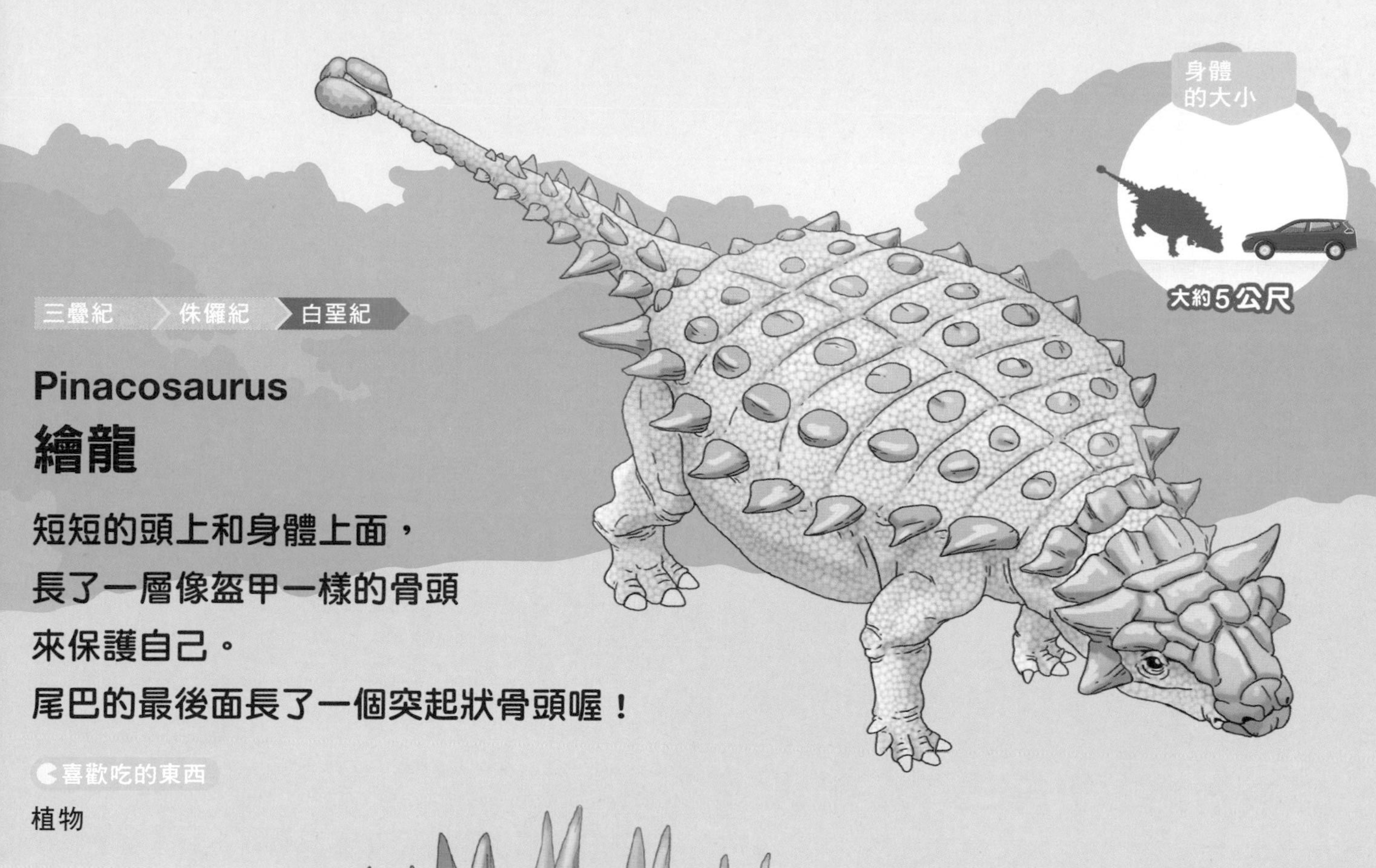

三疊紀 ＞ 侏儸紀 ＞ 白堊紀

Pinacosaurus
繪龍

短短的頭上和身體上面，
長了一層像盔甲一樣的骨頭
來保護自己。
尾巴的最後面長了一個突起狀骨頭喔！

喜歡吃的東西

植物

三疊紀 ＞ 侏儸紀 ＞ 白堊紀

Tuojiangosaurus
沱江龍

這是一種在中國發現的，
背上長了骨板和尖刺的恐龍。
牠的學名裡面，
含有「很多的刺」的意思喔！

喜歡吃的東西

植物

身體
的大小

大約7公尺

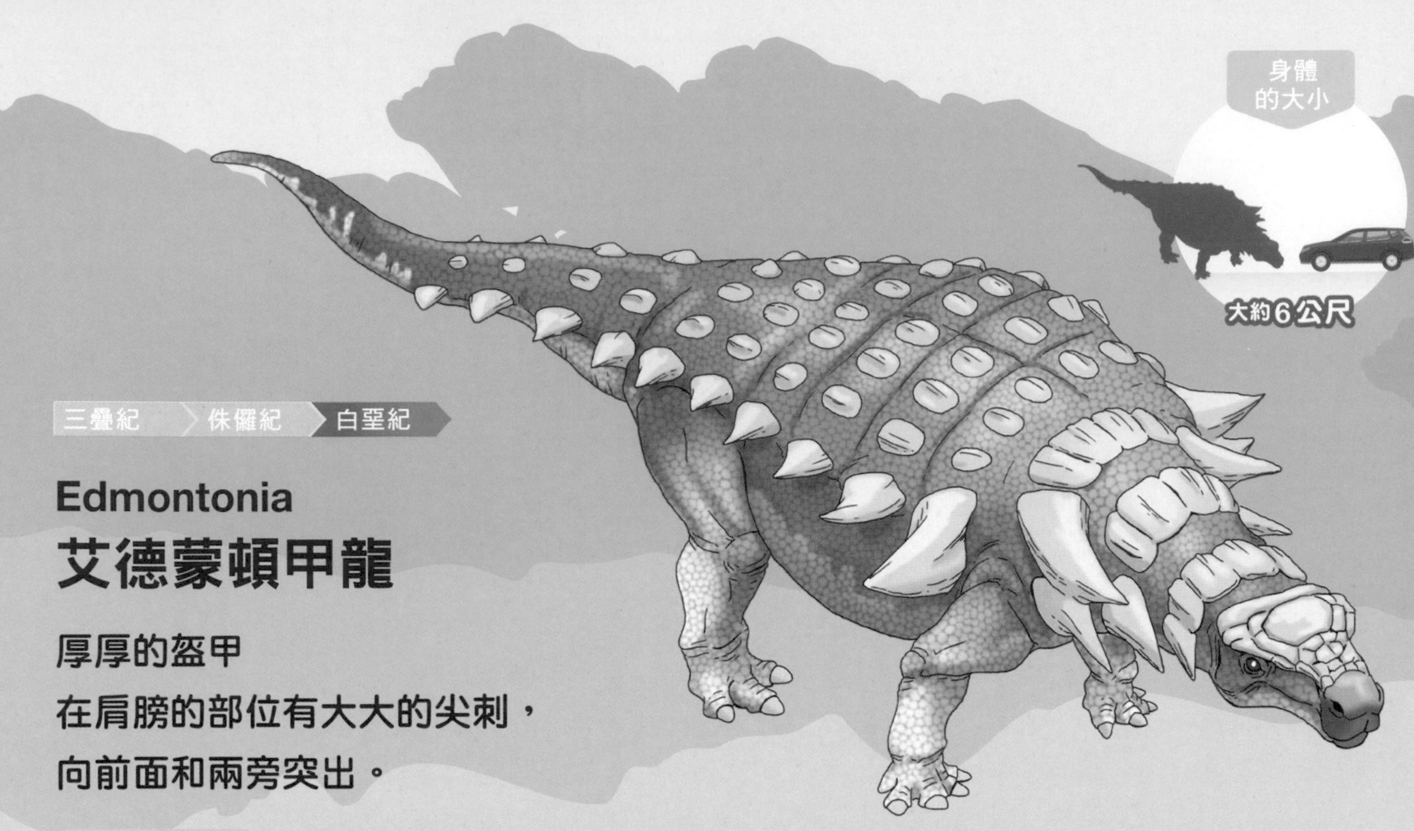

三疊紀 侏儸紀 白堊紀

Edmontonia
艾德蒙頓甲龍

厚厚的盔甲
在肩膀的部位有大大的尖刺，
向前面和兩旁突出。

喜歡吃的東西

植物

三疊紀 侏儸紀 白堊紀

Scelidosaurus
稜背龍

跑起來的速度很快，
身體像鱷魚一樣
有著長了很多小骨板的盔甲，
用來保護自己。

喜歡吃的東西

植物

這是什麼恐龍？

正確答案是……

三疊紀 侏儸紀 白堊紀

Deinonychus
恐爪龍

外表看起來像鳥類的近親，
會用兩隻腳快速地猛撲向獵物。

喜歡吃的東西

肉

身體的大小

大約3公尺

恐爪龍的特徵

可以撕抓獵物的巨大爪子

名字裡有著「恐怖的鉤爪」的意思。
像鐮刀一樣的鉤爪長在後腳，
可以用來抓捕獵物。

像鳥類一樣的羽毛的功用

身上的羽毛，
可以保護身體不會太熱或太冷，
也可以給予恐龍蛋溫暖，
據說有時候公恐龍也會用於向
母恐龍求偶。

身上長了羽毛的恐龍伙伴們

恐龍裡面也有像鳥類一樣，長了羽毛的類型喔！這些恐龍不但吃植物，連肉和昆蟲都吃。

Oviraptor
竊蛋龍

頭上短短的冠飾和鳥喙，
還有尾巴末端也都長得很像鳥類。

喜歡吃的東西

雜食

Ornithomimus
似鳥龍

外表長得很像鴕鳥，
修長的後腳據說
可以跑得很快。

喜歡吃的東西

雜食

三疊紀 侏儸紀 白堊紀

Therizinosaurus

鐮刀龍

前腳長了比手指還長的爪子，
長達70公分。
是一種充滿很多謎團的恐龍。

喜歡吃的東西

雜食

大約10公尺

Velociraptor

伶盜龍

體型比較小，
嘴巴裡面長了尖銳的牙齒。
前腳跟後腳
也都長了尖銳的爪子。

喜歡吃的東西

肉

這是什麼恐龍呢？

一隻恐龍有著尖尖的爪子，
另外一隻恐龍則有著冠飾呢！
?

正確答案是……

三疊紀 侏儸紀 白堊紀

Iguanodon
禽龍

前腳有著五根手指，而後腳有著四根手指。
走路的時候，會用到四隻腳。

喜歡吃的東西

植物

禽龍的 特徵

像針一樣的大拇指

據說遇到敵人的時候，
會用長了尖爪的大拇指
來嚇唬敵人喔！

一開始誤以為是頭上的角？

指頭上的尖銳骨爪，
最初被認為是鼻子上的角，
經過後來的研究才發現
那是長在手指上。

Parasaurolophus

副櫛龍

頭上有著長長骨頭形成的冠飾，
嘴巴裡面有很多小小的牙齒，
可以在進食的時候仔細地磨碎植物。

喜歡吃的東西

植物

副櫛龍的 特徵

會發出聲音的冠飾

頭上的冠飾像喇叭一樣，
會發出聲響，
向同伴發出信號。

成排的牙齒構造

副櫛龍有著
相當方便的牙齒，
就算磨損了，
也會不斷換牙長出來。

喜歡吃植物的恐龍伙伴們

副櫛龍的伙伴被稱為「鳥腳類」恐龍，牠們都專吃植物，
而且成群生活在一起。

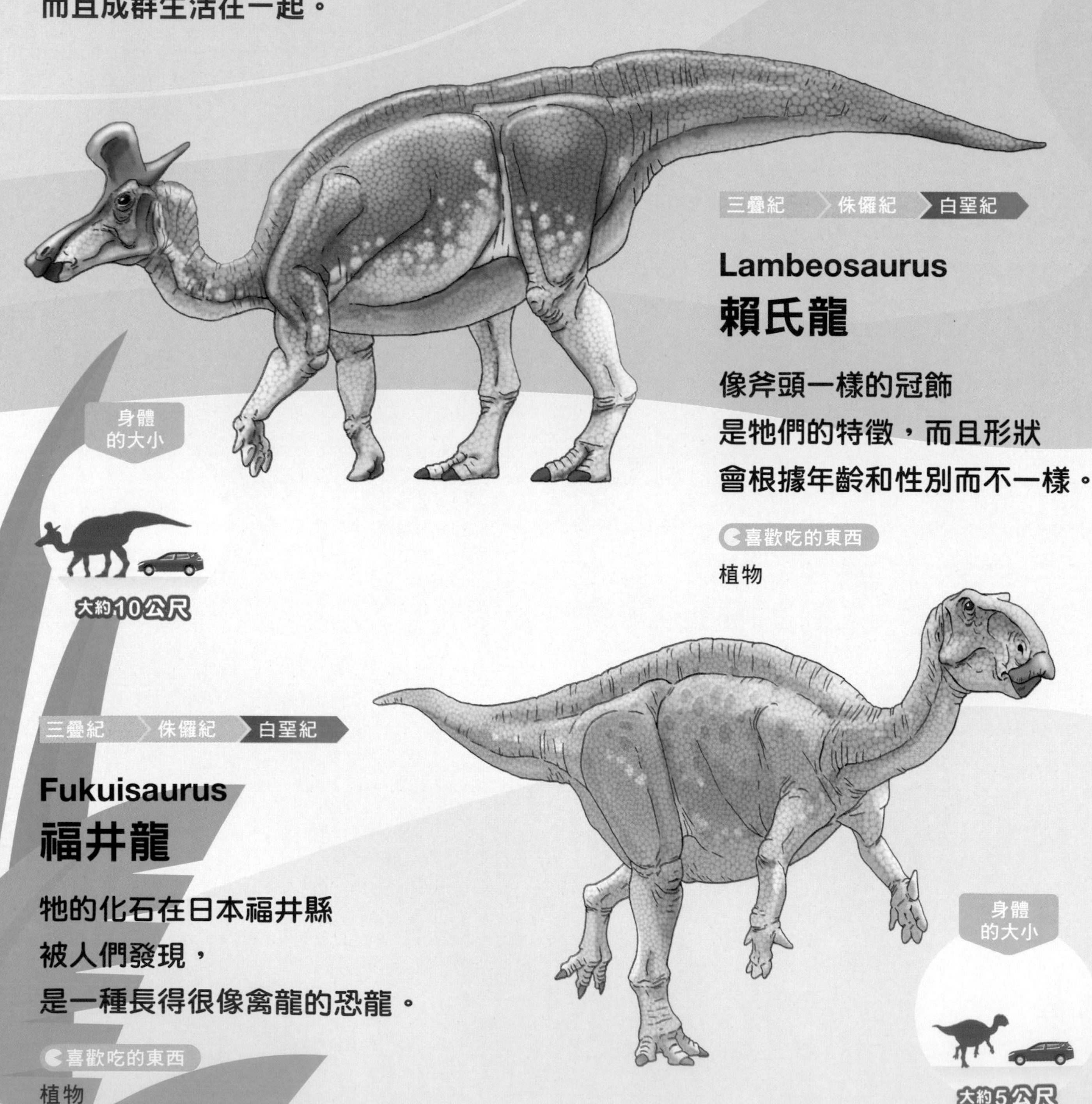

三疊紀 侏儸紀 白堊紀

Lambeosaurus
賴氏龍

像斧頭一樣的冠飾
是牠們的特徵，而且形狀
會根據年齡和性別而不一樣。

喜歡吃的東西

植物

三疊紀 侏儸紀 白堊紀

Fukuisaurus
福井龍

牠的化石在日本福井縣
被人們發現，
是一種長得很像禽龍的恐龍。

喜歡吃的東西

植物

三疊紀 侏儸紀 白堊紀

Edmontosaurus
艾德蒙頓龍

嘴巴的前端很寬，
據說嘴巴裡面
長了多達兩千顆的牙齒喔！

喜歡吃的東西

植物

三疊紀 侏儸紀 白堊紀

Maiasaura
慈母龍

是一種額頭上
有一個小小的突起的恐龍，
據說牠們會餵養
自己的小恐龍。

喜歡吃的東西

植物

恐龍時代
飛行於天空的生物

恐龍時代裡有一種被稱做「翼龍」的爬蟲類近親。
牠們會張開翅膀乘風飛躍喔！

三疊紀 侏儸紀 白堊紀

Pteranodon
無齒翼龍

頭上有很大的冠飾延伸到腦後，
會利用鳥喙捕獲海裡的魚來吃。

喜歡吃的東西

魚

三疊紀 侏儸紀 白堊紀

Quetzalcoatlus
風神翼龍

牠是所有翼龍裡面體型最大，
而且還有著很長的鳥喙。

喜歡吃的東西

肉、魚

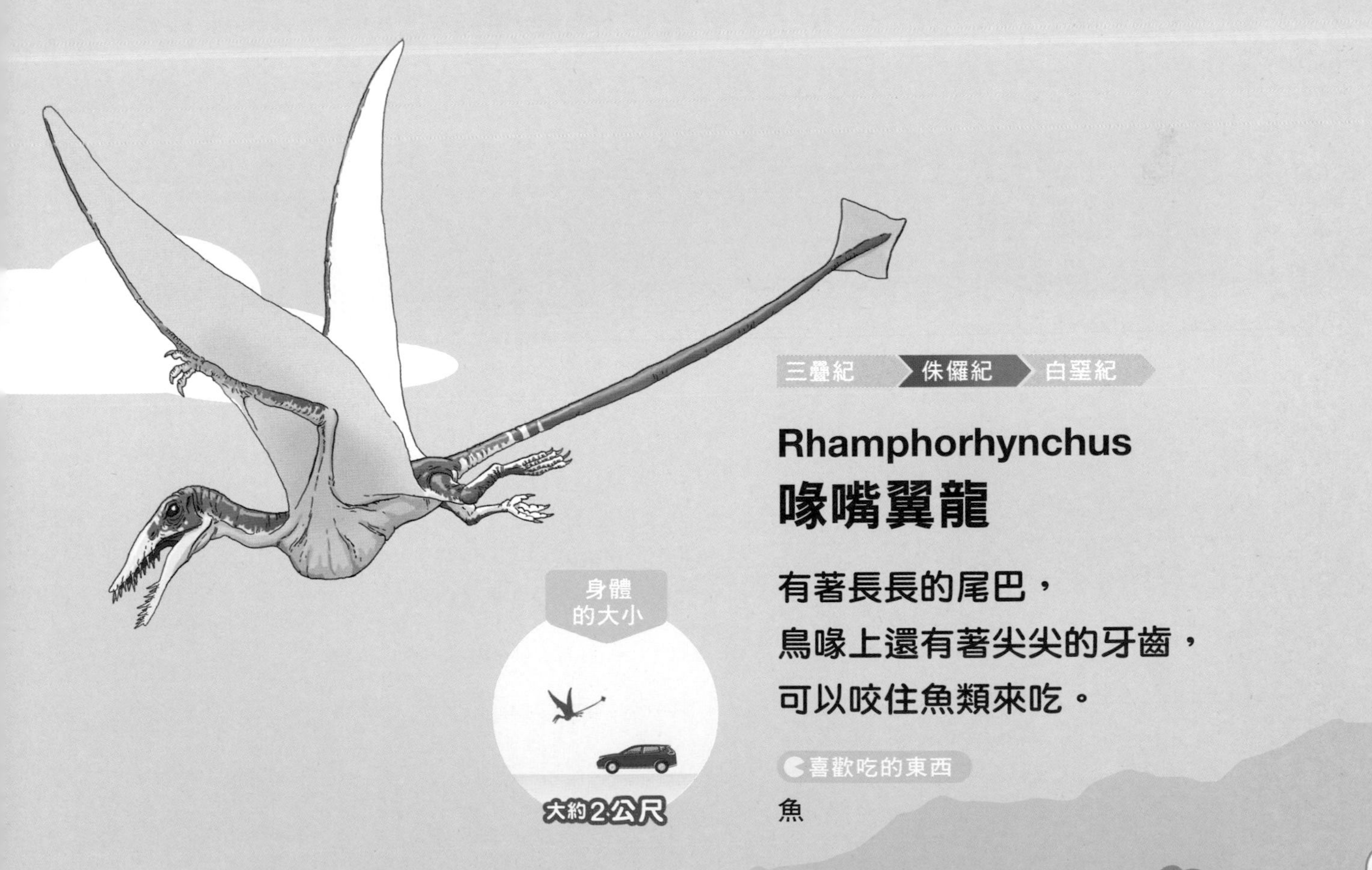

三疊紀 侏儸紀 白堊紀

Rhamphorhynchus
喙嘴翼龍

有著長長的尾巴，
鳥喙上還有著尖尖的牙齒，
可以咬住魚類來吃。

身體
的大小

大約2公尺

喜歡吃的東西

魚

恐龍時代 生活在海裡的生物

恐龍時代的海洋裡，棲息了很多被稱為「魚龍」或「蛇頸龍」的大型爬蟲類生物喔！

三疊紀 侏儸紀 白堊紀

Ichthyosaurus
魚龍

有著很大的前鰭，
還有像鯊魚一樣的尾鰭，
非常擅長於游泳。

喜歡吃的東西

魚

三疊紀 侏儸紀 白堊紀

Ammonoidea
菊石

長得很像現在海裡
也有的鸚鵡螺，
是一種會藉由吐出海水
來移動的生物喔！

喜歡吃的東西

魚、海中的小生物

三疊紀 侏儸紀 白堊紀

Elasmosaurus
薄板龍

脖子非常長，
嘴裡有很多又尖又細的牙齒，
讓牠可以吃掉魚和魷魚。

喜歡吃的東西

魚、海中的小生物

三疊紀 侏儸紀 白堊紀

Mosasaurus
滄龍

屬於蜥蜴的近親，
演化成能生活在海洋裡。
牠的腳為了容易在水中游動，
變成了魚鰭。

喜歡吃的東西

棲息於海中的其他爬蟲類

恐龍博學家學習之路❶

身體大小比一比

讓我們來比較一下恐龍，跟陸地生物和海中動物的身體大小。來看看恐龍比現在的動物要大多少？

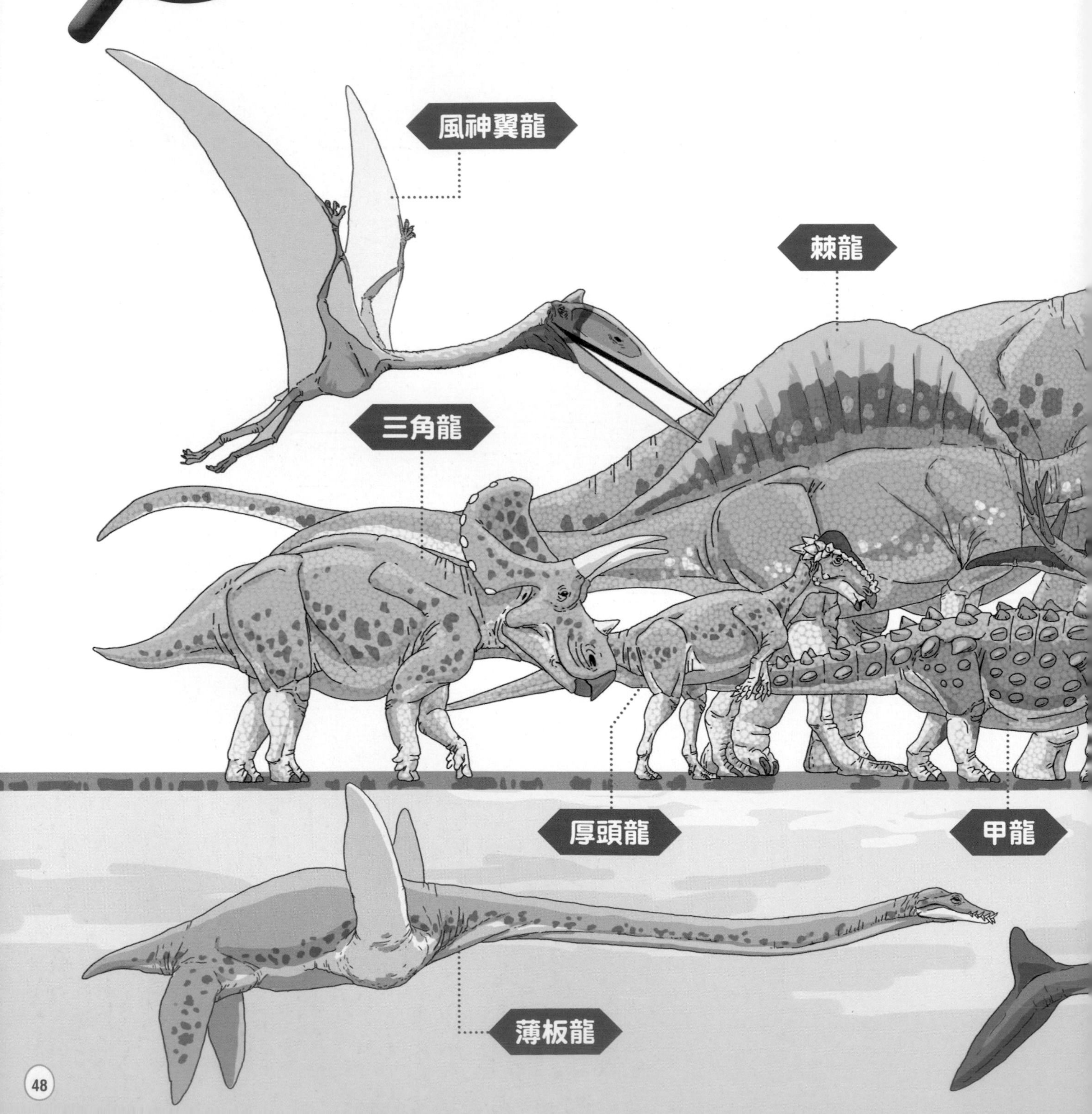

為什麼恐龍會變得這麼大？

恐龍之所以會長得這麼大，最大的原因是牠們當時有很充足的食物。
很久很久以前的地球比現在還要溫暖，
所以長了很多植物和吃這些植物的恐龍。

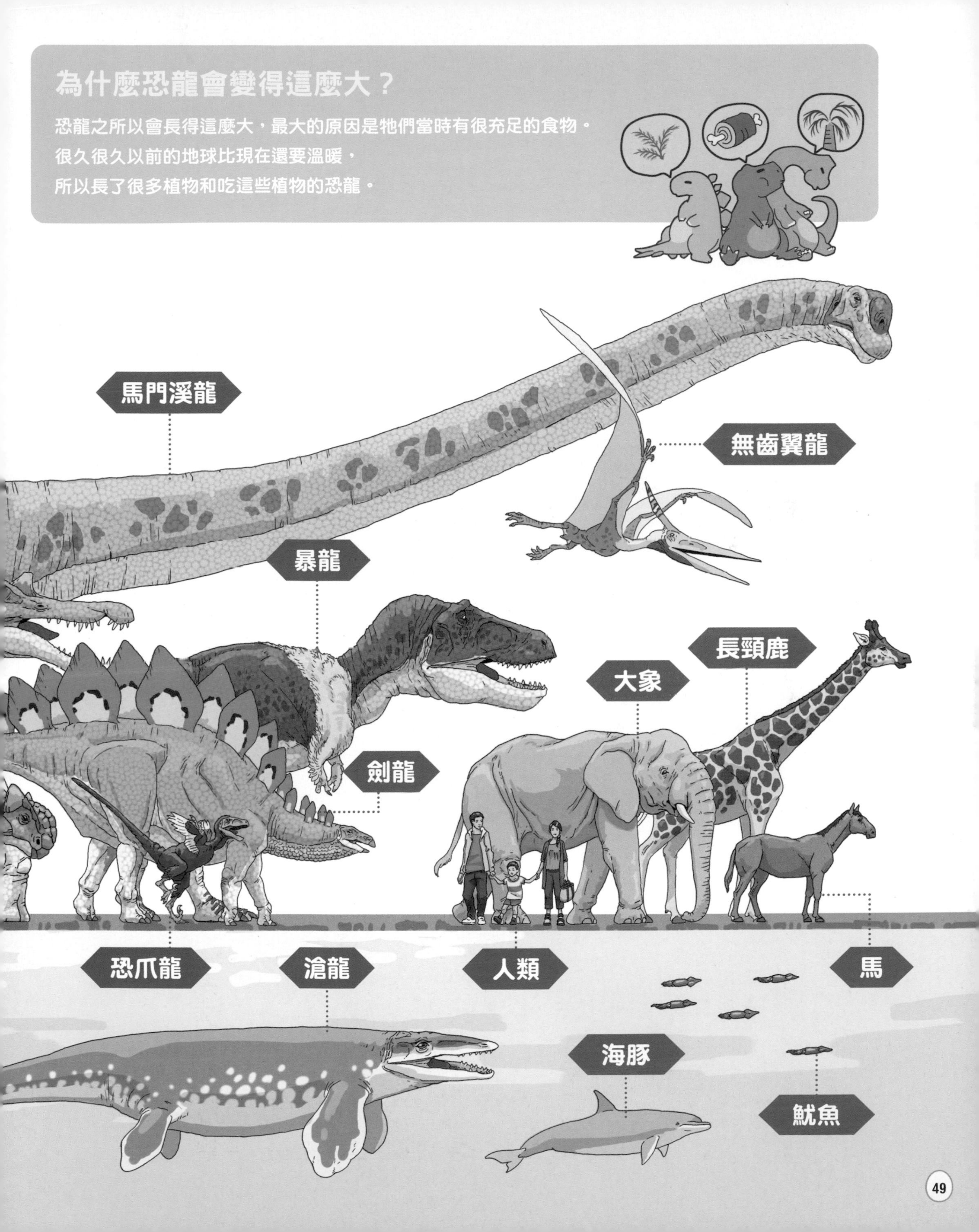

恐龍博學家學習之路❷

跑步速度比一比

讓我們來將恐龍跑起來的速度，
跟現在的動物、人類和車子做個比較。
來看看跑得最快的恐龍是哪一隻？

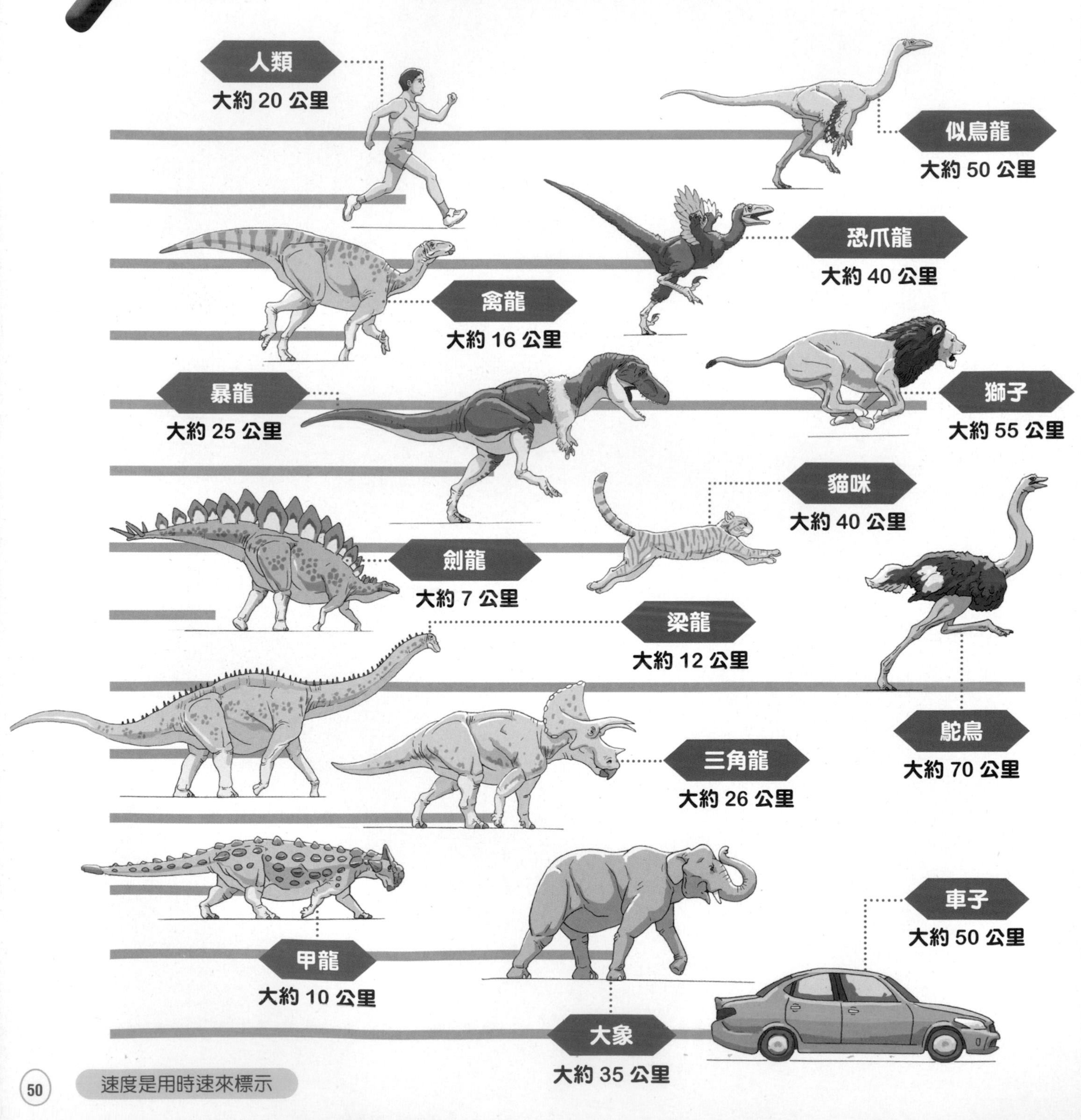

速度是用時速來標示

如果現在有恐龍的話，會是什麼狀況……

恐龍的化石

死掉的生物，牠們身體的一部分或是蛋、足跡等，
在沙地或泥地裡面變成像石頭一樣硬的東西，就是化石。

跟真的
恐龍化石
一樣
大小喔！

這隻恐龍的臉和腳的大小，
就跟人類的小朋友
差不多大耶！
鋸齒狀的牙齒和尖銳的指爪。
我記得這隻恐龍
應該就是……

化石的小秘密

找到化石以後，我們可以知道什麼事？
化石又是怎麼形成的？
這邊會跟大家介紹關於化石的秘密唷！

可以從化石上面知道的事

藉由調查化石或是調查形成化石的泥沙層，
就能知道這個變成化石的生物，
曾經生活過的時代或是生活型態。
這些泥沙層就是「地層」。
而地層就是知道「白堊紀」或「侏儸紀」時代的
重要線索。

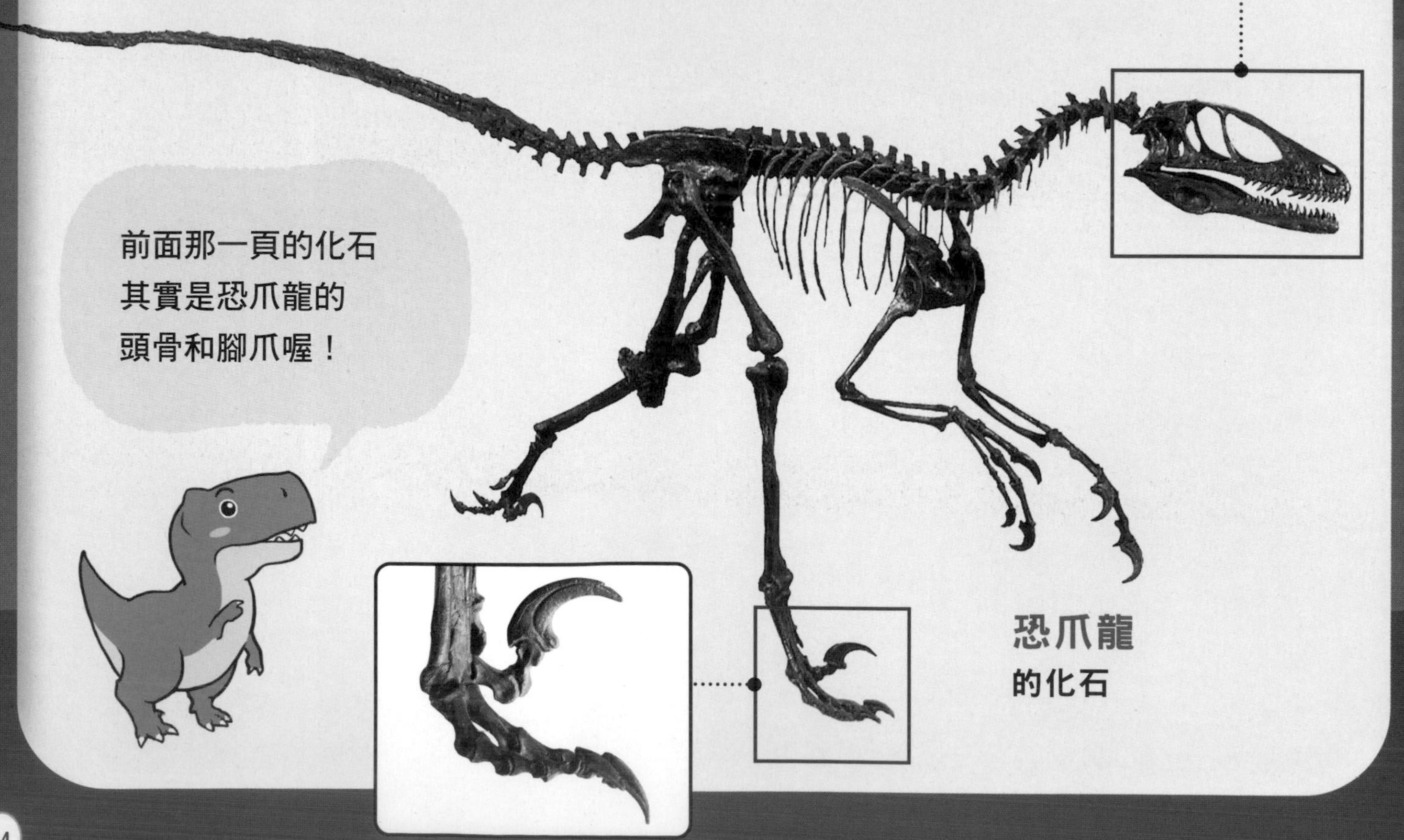

恐爪龍
的化石

化石形成的過程

生物死掉之後，肉和皮之類的部分會被其他生物吃掉，或是腐爛掉，只留下骨頭和指爪這些比較硬的部分。

長時間下來，被風和雨所帶來的泥沙掩埋，漸漸形成地層。

在地層之中變硬的就是化石。再經過更久的時間之後，在地球的影響之下，地面會隆起。

原本是海的地方變成陸地，原本是陸地的地方變成山，接著在侵蝕作用下，被人們發現化石的存在。

被找到的時候，呈現睡覺姿勢的罕見化石

被稱為「寐龍」的恐龍化石是在中國發現的。這個化石被發現的時候，是趴著將頭和尾巴縮成一團的姿勢，所以被認為可能是在睡覺的時候成為了化石。

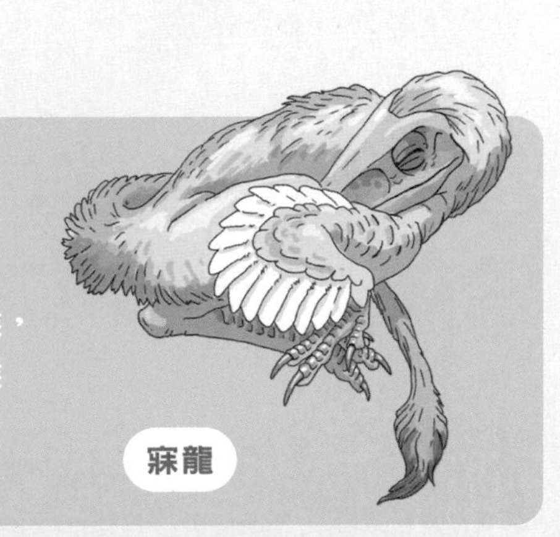

寐龍

各式各樣的化石

世界各地現在也都持續有找到各種化石喔！
不只是恐龍化石，還找到了曾經活在那個時代的蟲，
或是海陸爬蟲類的化石。

三角龍的化石

沱江龍的化石

馬門溪龍的化石

滄龍近親
的化石

翼龍近親
的化石

白堊紀的
蟑螂的化石

蜥腳類恐龍蛋
的化石

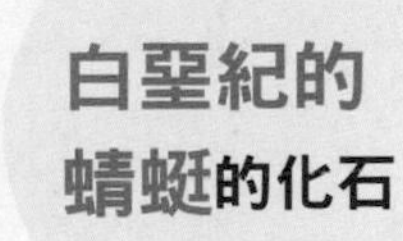

白堊紀的
蜻蜓的化石

菊石
的化石

暴龍頭
的化石

暴龍足跡
的化石

恐龍的小知識

關於恐龍，還有很多我們不知道的事情，
但是人類已經漸漸解開這些謎題。
我們會在這裡學習一些關於恐龍的小知識。

恐龍的名字是怎麼來的？

背上長了骨板的劍龍，
牠的學名是「背上有屋頂的蜥蜴」的意思，
會照顧幼龍的慈母龍的學名則是
「好媽媽蜥蜴」的意思。
恐龍的名字大多是用牠們身體的特徵，
或是牠們的化石被發現的地方來命名的

恐龍的身體是什麼顏色？

其實大家都不是很清楚恐龍身體是什麼顏色。
或許是條紋狀或是斑紋狀的也說不定。
不過，根據最新的研究，
有些恐龍可以從遺留在化石上的羽毛和皮膚，
稍微了解牠們的身體顏色。

恐龍為什麼不見了？

關於恐龍消失的這件事，有很多種說法。
最有名的理論是有一顆很大的隕石從外太空掉到地球上。
這顆隕石害地球變得寒冷、植物也變少，
恐龍沒有足夠的食物可以吃，
所以就這樣消失了。

恐龍的後代子孫是雞？

雖然恐龍消失了，
但是據說牠的後代子孫是現代也有的雞。
會生蛋、身體的構造也都很像。
話說回來，
恐龍裡面也有像雞一樣長羽毛的種類呢！
你還記得嗎？

4 月 17 日是「恐龍日」

美國研究者在全世界第一次
挖掘到了恐龍蛋。
而且他們出發去挖掘地的那天
就是4月17日。

這樣一來，
你也是恐龍博學家了呢！
下一頁開始是
迷宮和看圖找不同，
讓我們一起玩遊戲吧！

撿起掉在地上的蛋，向終點前進

竊蛋龍媽媽不小心把蛋掉了一地。
請盡量幫忙多撿起一些蛋，送還給竊蛋龍媽媽。

同一條路不能走兩次喔！

給家人的話

這個迷宮只要前進得順利的話，就能撿起所有的蛋。一開始先只以終點為目標。如果下次再玩的時候，可以比上次撿到更多蛋，請大方予以誇獎。

答案在 124 頁

大家一起數一數。有幾隻？有幾個？

請看著畫，根據下面的問題，數一數找答案。

- 有幾顆恐龍蛋？
- 飛在空中的生物有幾隻？
- 紅色的生物有幾隻？

給家人的話

「飛在空中的生物有一隻、兩隻、三隻……」讓孩子像這樣一邊指著圖畫一邊數數。「接下來，紅色的生物……」照著同樣的方式數下去。也可以出一些像是「有幾隻劍龍？」、「有幾隻綠色生物？」這種新題目，讓孩子更有興趣玩數數。

答案在 124 頁

找一找不同的地方「陸地上面」

比較一下，左邊的畫跟右邊的畫
找出它們不一樣的地方。

一共有 5個 地方不一樣喔！

給家人的話

當孩子不太找得出來左右圖的不同之處時，不妨一邊帶領他確認幾個在圖畫上相同的地方，再一邊給予誘導幫助。將區域縮小到孩子容易找到的範圍吧！

右邊

答案在 124 頁

認識字詞走迷宮

從艾德蒙頓甲龍到副櫛龍，
中間還有許多有趣的東西，
試著把它們全部連起來，就可以邁向終點囉！

每一張圖片都要連到喔！

給家人的話

讓孩子自己走走看！走錯了再重來就好。培養他「嚐試」的勇氣，以及「縱觀全局」的視野。藉由走迷宮的過程，讓孩子多認識一些字詞，陪孩子一起尋找，邁向終點吧！

答案在 124 頁

誰在森林裡面躲貓貓？

有幾隻恐龍和翼龍，躲在森林裡面。

找一找躲了哪幾隻？

一共躲了 五隻 喔！

給家人的話

「有恐龍躲在這裡面喔！小○可以找出來嗎？」不妨試著這樣開口誘導。如果找不到的話，可以試著給予「仔細看看這棵樹附近？」等提示，限定範圍以後應該就會比較好找。若是孩子找到了的話，請予以鼓勵。確實集中注意力的話就能找到。

答案在 125 頁

找找哪張圖片多出來？

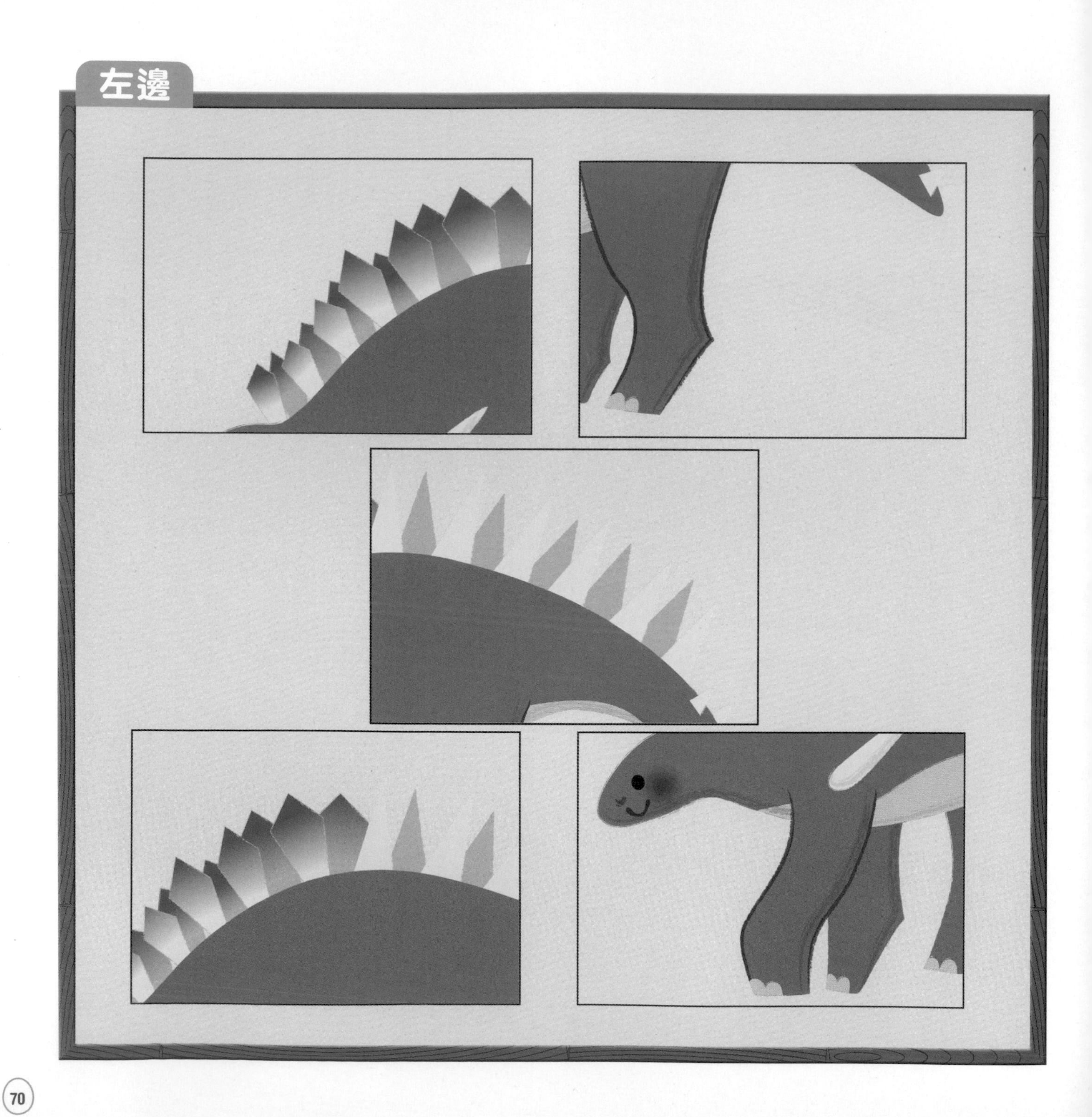

試著從左邊分散的圖片裡面，
找出可以拼成右邊肯氏龍的圖片組合。
咦？左邊多了一張圖片耶！

給家人的話

看著插圖，引導孩子先去留意最有區別性的圖片。「頭是哪一個？」、「尾巴是哪一個？」提問的同時，站在孩子的角度一起思考。藉由一個一個慢慢地尋找，增加孩子的集中力和對形狀的辨識度。希望大人小孩都能同樂，一起找到多餘的那一張圖片。

右邊

肯氏龍

答案在 125 頁

幫助小恐龍回到媽媽身邊

請幫忙帶著腕龍小恐龍回到恐龍媽媽的身邊。

   的地方不能經過喔！

給家人的話

「哪一條路可以走？」、「要往哪邊走？」像這樣一邊和孩子說話，一邊引導孩子用手指出路徑。「這邊沒有橋，會掉下去喔。」、「這邊有肉食恐龍，不能走。」也可以像這樣解說不能走的理由，讓孩子了解這個迷宮的規則，提高孩子玩迷宮的興趣。

答案在 125 頁

按照數字的順序走到終點

這是一個要依序從1走到12前進的迷宮。

「重複的數字」、「不是下個數字」就不能通過喔！

給家人的話

說到「1」的時候，伸出一根手指，像這樣一邊用孩子容易懂的方式說明，一邊讓孩子理解數字。也可以利用圖畫上的線索，提示孩子「3之後是4喔！」像這樣前進終點。

答案在 125 頁

同伴
找一找

想吃的東西是哪個呢？

我最喜歡吃肉！
暴龍

我可以吃到長很高的植物喔！
腕龍

我想要吃有很多腳的東西。
薄板龍

我想要吃從水裡面抓到的獵物啦！
棘龍

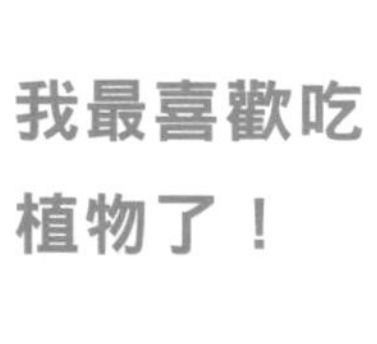

我最喜歡吃植物了！
劍龍

小朋友
我想要吃水果

聽聽大家說牠們想吃什麼，
再幫忙從右邊把東西分給他們一個。
每個人都可以分到嗎？

一個東西只能給一個人喔！

給家人的話

將動物的話作為提示的同時，引導孩子思考恐龍的食物。「水裡有魚，也有魷魚，要怎麼分配給想吃的恐龍呢？」、「小朋友可以吃的東西有哪一些？」也可以提出像這樣的問題，用比較食物的方式增加話題，提高孩子的興致和親子和諧度。

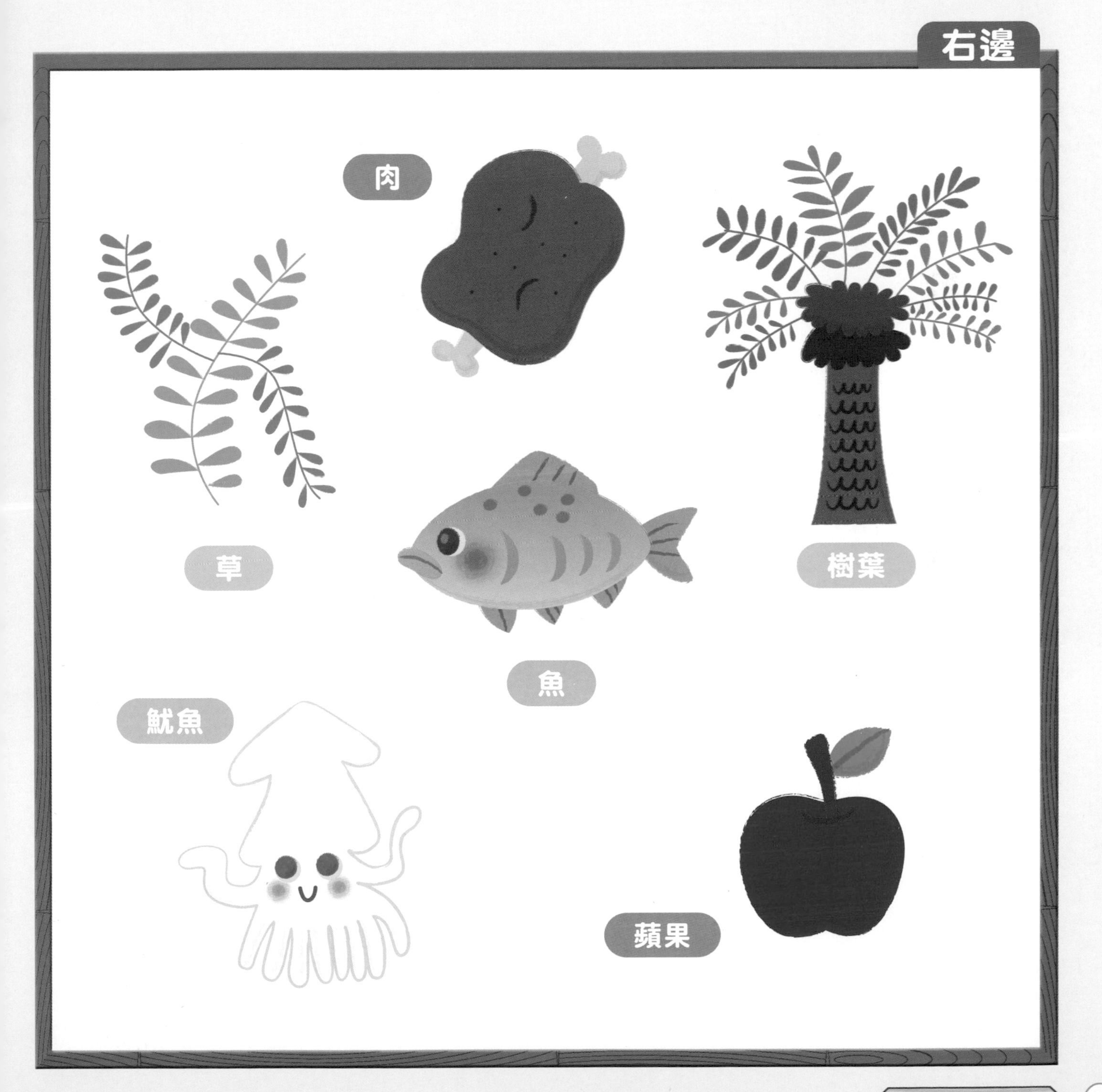

答案在 125 頁

一起摺摺看「無齒翼龍」

讓我們試著用色紙摺出無齒翼龍。
太難的地方，就請家人來幫我們吧！

給家人的話

為摺好的恐龍畫上眼睛或裝飾，可以增加孩子對作品的自豪感。也可以一邊舞動剛摺好的恐龍，一邊學恐龍「吼～」地跟孩子玩耍，也可以一起摺出很多恐龍做裝飾。

1

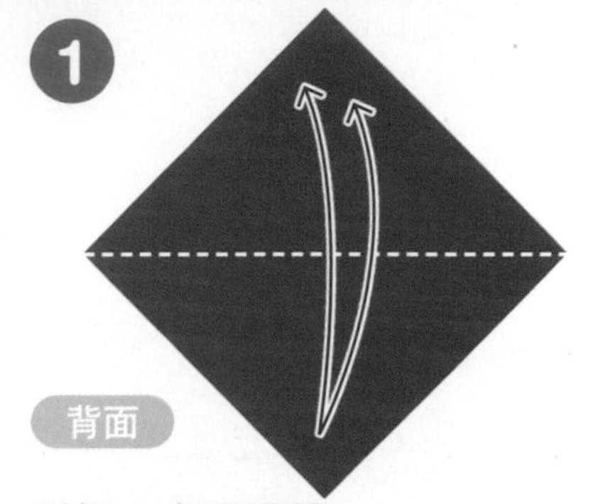

對摺一半再展開
摺出摺痕

2

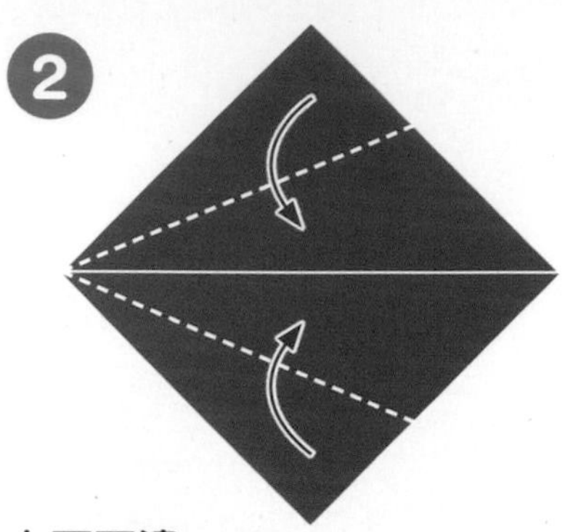

上下兩邊
對準中間的線，向內摺

3

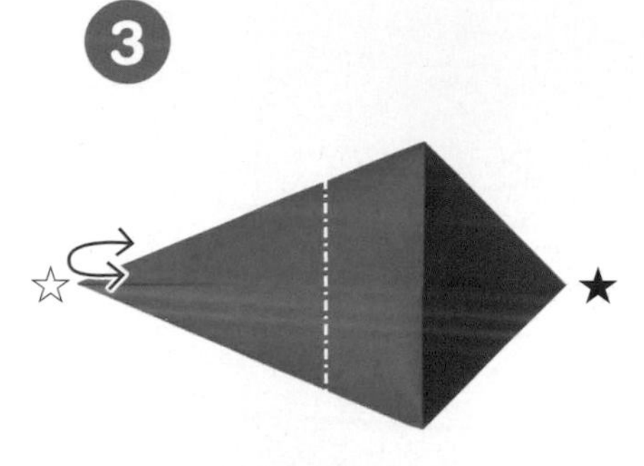

將☆對準★，向後摺

4

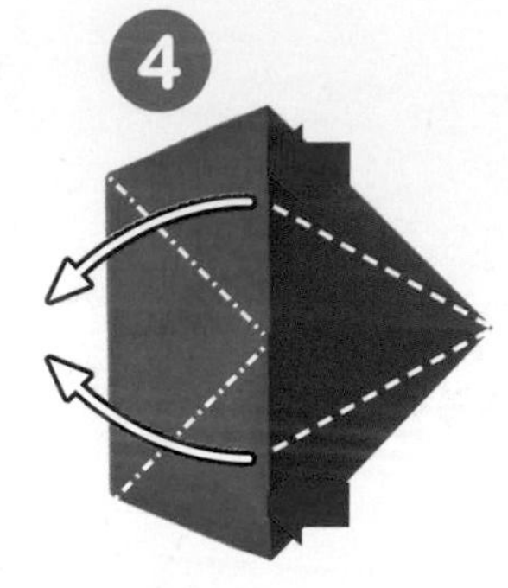

順著「⬅」打開
對齊中線並壓平

5

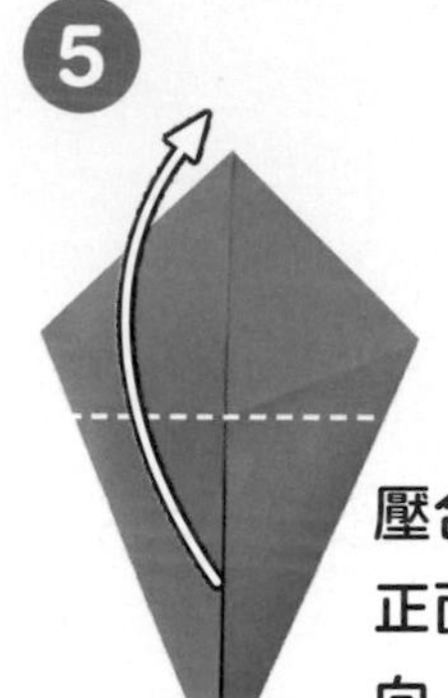

壓合並轉向之後
正面部分沿虛線
向上摺

6

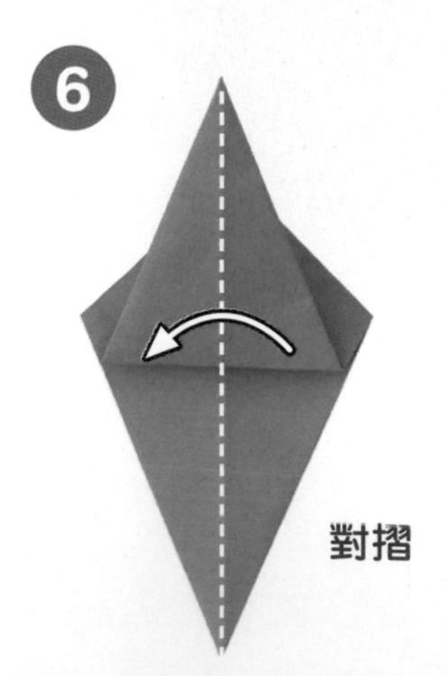

對摺

7

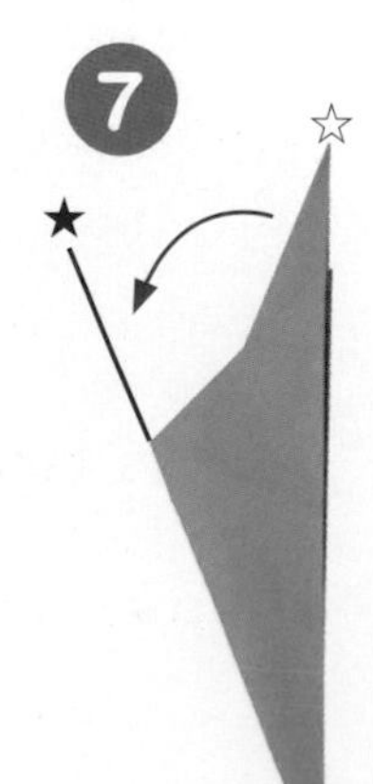

捏著☆的部分
拉向★，對齊
黑線壓合

8

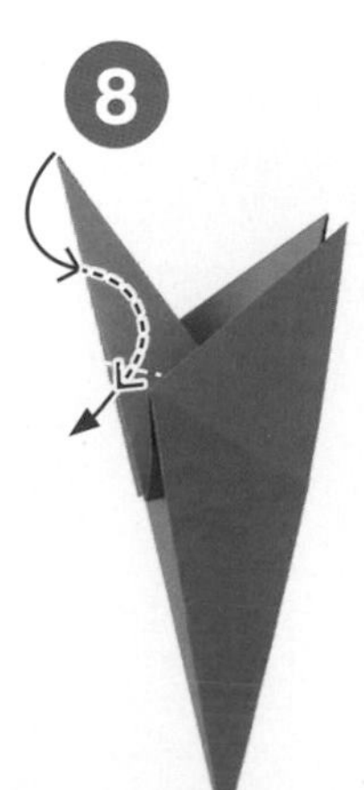

將尖端部分
從中向內凹摺

原案：冨田登志江

9

摺好的樣子

10

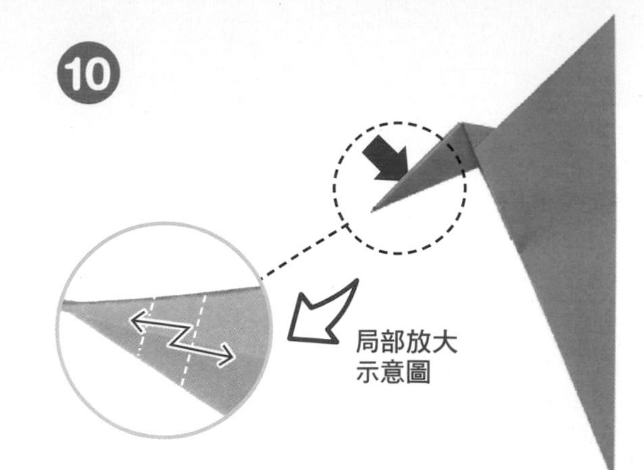

將頭的前面
按照「➡」
打開向內凹摺
再向外摺回來

11

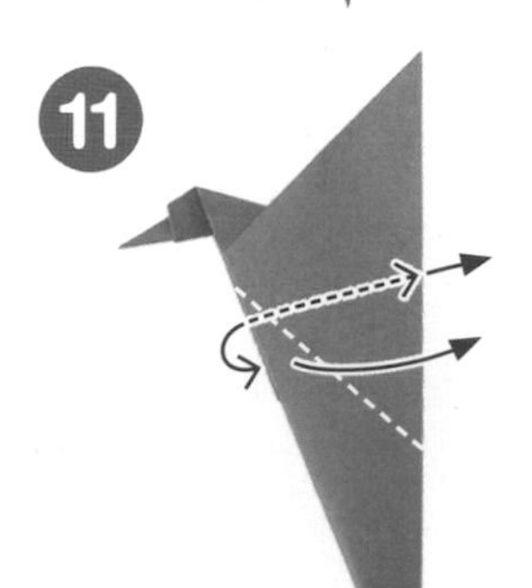

按虛線摺出摺痕
再向外翻摺

12

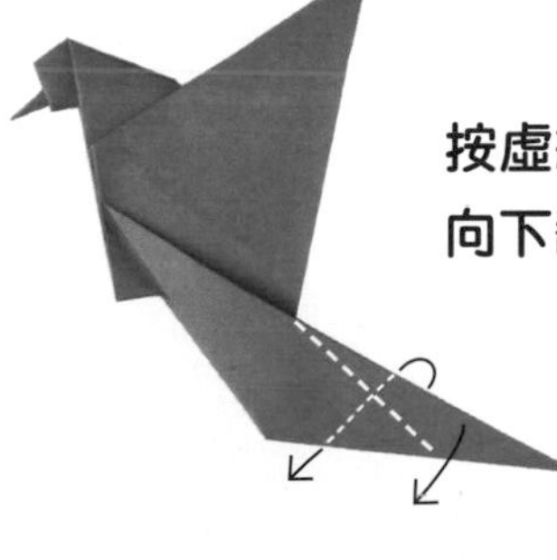

按虛線摺出摺痕
向下翻摺

試著做做看！

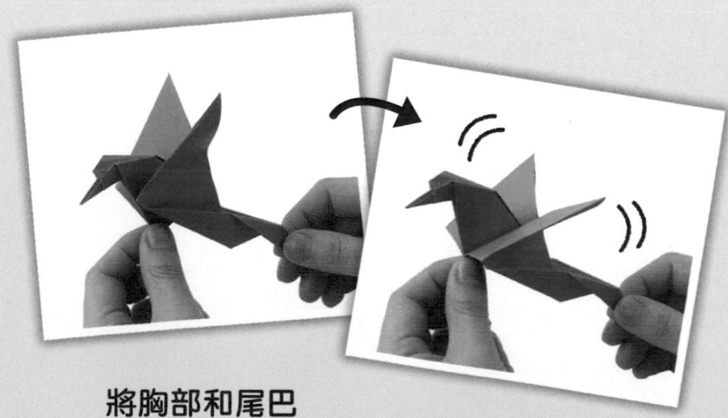

將胸部和尾巴
往反方向拉，翅膀就會動起來喔！

用大張的色紙和小張的色紙
多做幾隻來比較看看吧！
下一頁我們會介紹
「暴龍」的摺紙
要怎麼摺喔！

一起摺摺看「暴龍」

讓我們用色紙來摺暴龍吧。
有用到剪刀的地方，要和家人一起進行喔！

會用到的東西

1

正面

按照虛線，摺出摺痕

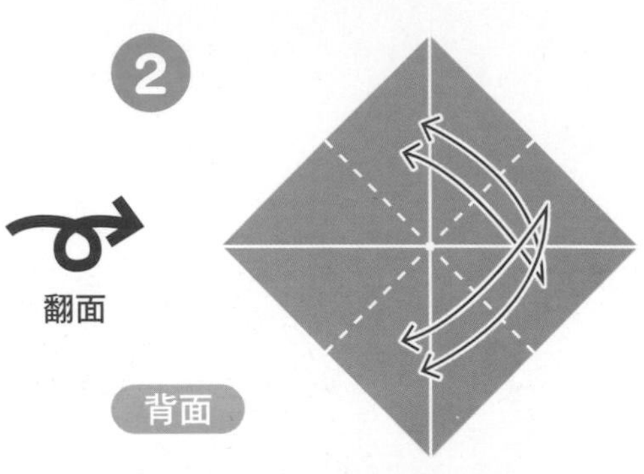

按照虛線，摺出另一摺痕

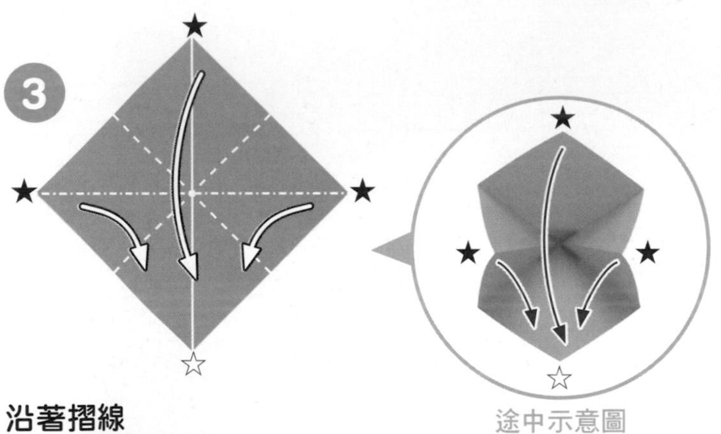

途中示意圖

沿著摺線
將★全都摺向☆

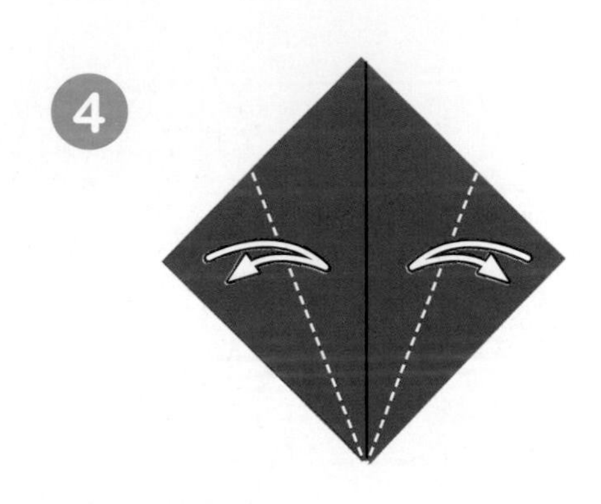

將正面這一面
對齊中線向內摺出摺痕

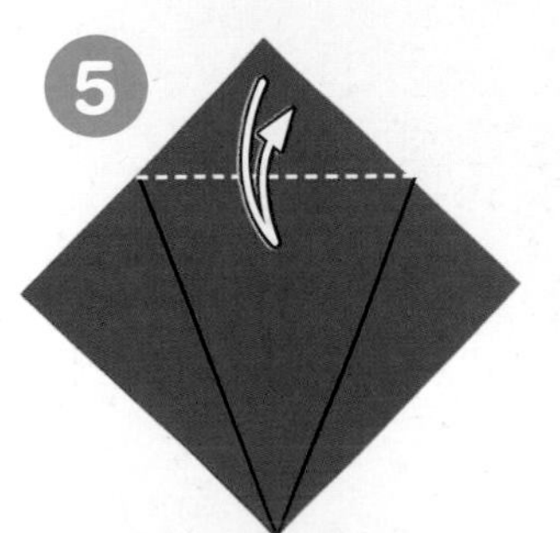

沿虛線摺出摺痕

途中示意圖

正面這一面向上打開
沿摺痕壓平

7

摺好的樣子

摺好以後
背面那一面
也按照4～6摺好

原案：渡部浩美

8

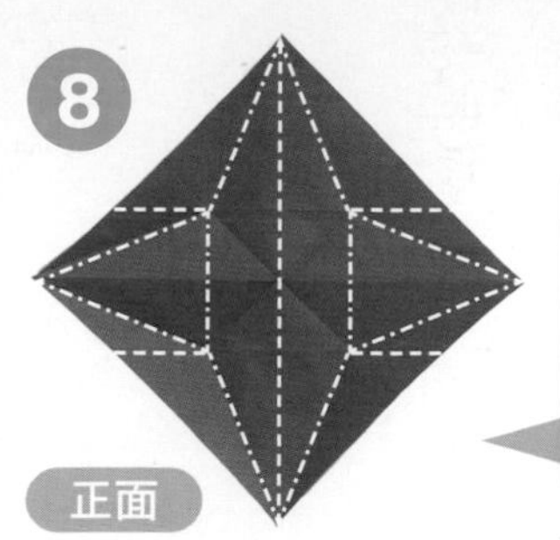

途中示意圖

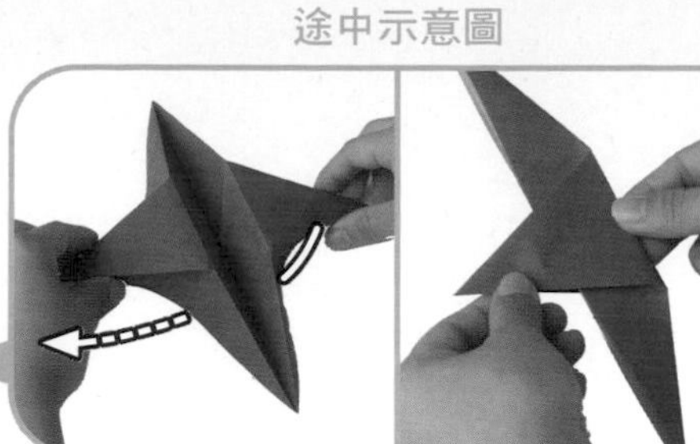

整個正面朝上攤開
將整體視為兩半，按照虛線摺紙

9

☆

途中示意圖

沿虛線摺出摺痕
捏住☆的部分向下摺平

10

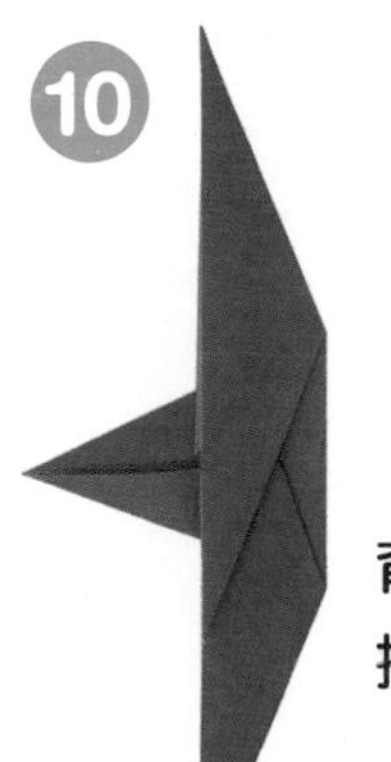

背面也同樣摺法

11

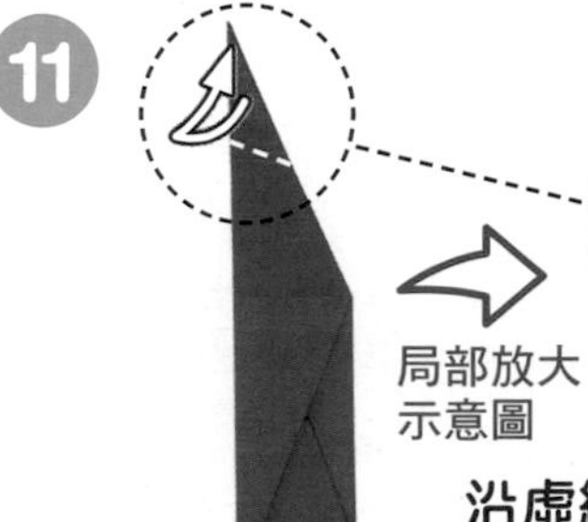

沿虛線摺出摺痕後
稍微打開

12

將打開的地方向外摺平

13

將嘴巴的部分向內摺

14

從「➡」打開

15

用剪刀沿紅線剪開

16

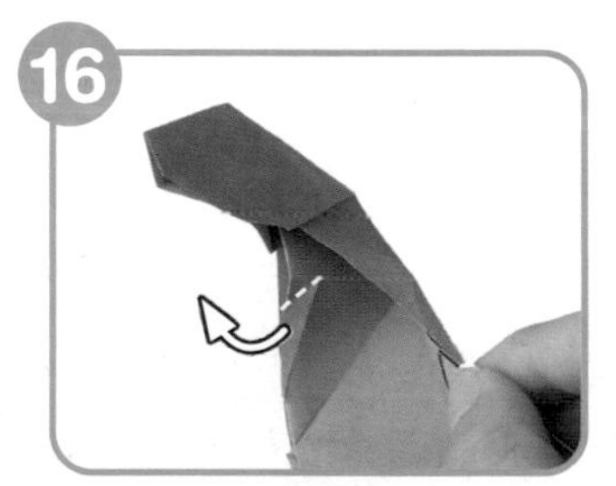

將剪開的地方向上摺
背面也一樣

17

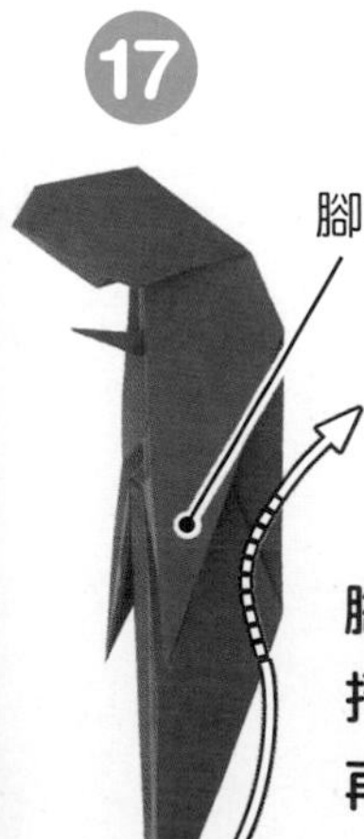

腳以外的部分沿虛線
摺出摺痕
再沿摺痕向中間凹摺

18

腳的部分摺出摺痕
向外翻摺

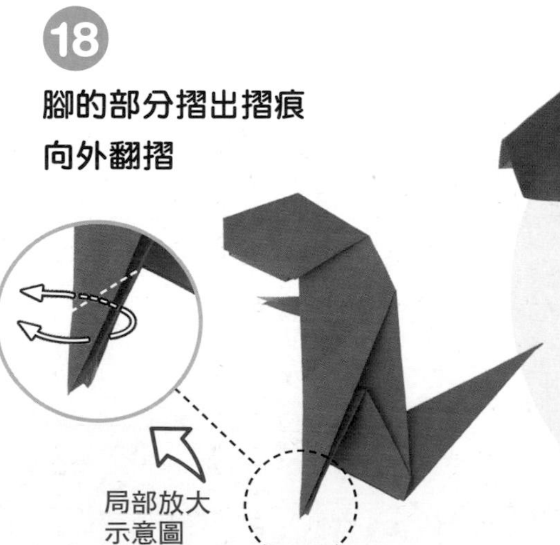

一起來了解時鐘怎麼看

時鐘怎麼看

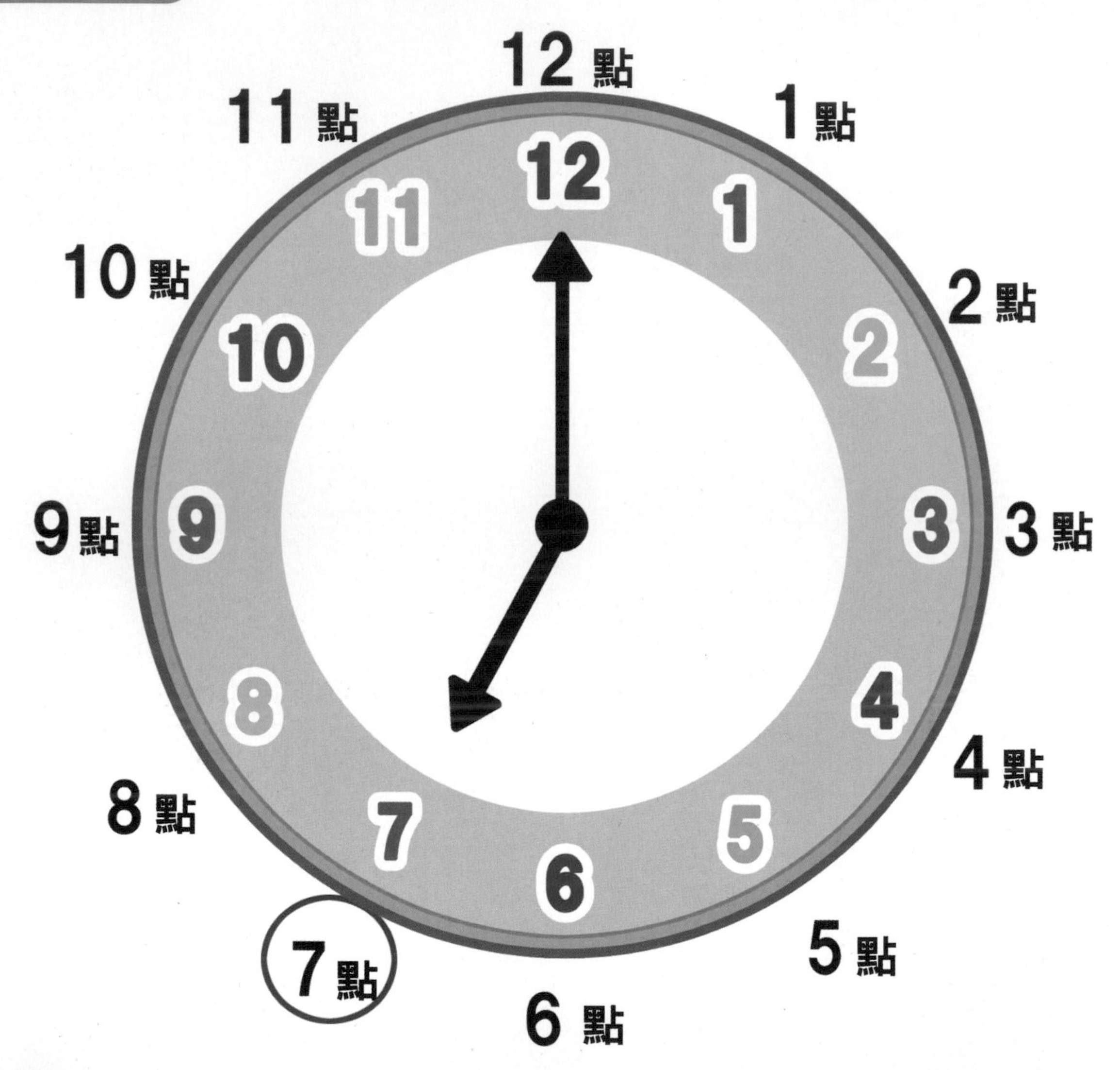

短針一天會繞時鐘兩次喔！
所以我們會有「早上7點」
跟「晚上7點」。

現在是早上7點
差不多要起床的時間
下一頁開始讓我們
一起看看小暴龍的
一天是怎麼度過的吧！

大家都知道時鐘要怎麼看嗎？
你知道幾點要做什麼事嗎？
一邊回想一邊看看下面這些圖。

給家人的話

「小〇都是幾點吃早餐的呢？早餐吃什麼最好吃？」像這樣跟著孩子一起回想一天是怎麼過的。藉由回想時間跟當天發生的事情，都能成為讓孩子去探索自身感受和想法的契機。讓孩子了解，時鐘上同樣是7點，卻有早晚之分這件事，也能引導孩子對時鐘發生興趣與加深理解。

8 點

洗臉之後

吃早餐的時間

10 點

出門去外面

跟大家一起玩的時間

12 點

洗手之後

午餐的時間

3 點

午睡醒來

吃點心的時間

晚上 6 點

幫忙家事之後

吃晚餐的時間

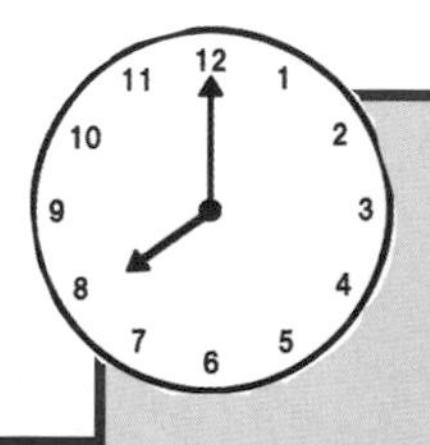

晚上 8 點

洗完澡之後

睡覺的時間

找一找不同的地方「海洋裡面」

比較一下，左邊的畫跟右邊的畫
找出它們不一樣的地方。

一共有 5 個 地方不一樣喔！

有很多生物在裡面，但是數量跟形狀好像不太一樣？

右邊

答案在 125 頁

恐龍寶寶在哪裡？

賴氏龍的恐龍寶寶，
和其他恐龍的寶寶混在了一起！
請以恐龍哥哥的樣子為線索，
幫牠們找到恐龍寶寶。

給家人的話

一邊比較右下角的恐龍哥哥特徵，一邊尋找。要是不容易找到的話，可以逐一用手指著，「這隻恐龍這裡不一樣」像這樣引導孩子確認。

答案在 126 頁

找找看○△□

下面這張圖畫裡面，藏了○、△和□喔！
請找一找，它們藏在了哪裡？

各有 4 個 ○、△和□喔！

答案在 126 頁

餓肚子的恐龍三兄弟❶「幫忙找媽媽」

餓肚子的恐龍三兄弟，餓著肚子走在路上，
突然有一顆很大的恐龍蛋，從斜坡上面滾了下來。

就在恐龍三兄弟討論要怎麼吃掉這顆蛋的時候，
那顆恐龍蛋破掉，然後從裡面探出一隻恐龍寶寶。
恐龍寶寶一看到恐龍三兄弟，就開始叫喊「媽媽！」
「我們不是你的媽媽啦！
不過我們會幫你找到你的媽媽喔！」

恐龍三兄弟放棄了要吃恐龍蛋的想法，
開始往恐龍蛋滾下來的坡道前進。

牠們在坡道上面遇到了劍龍家族。
「這不是我們家的孩子喔！」劍龍這麼說。
確實，恐龍寶寶的背上也沒有鋸齒狀的骨板。

恐龍三兄弟和恐龍寶寶，又繼續向前走。
走沒多久，牠們就遇到了腕龍家族。
「這不是我們家的孩子喔！」腕龍這麼說。
確實，恐龍寶寶的脖子沒有那麼長。

無齒翼龍阿姨在天空看到牠們的樣子，就飛到牠們身邊。
「我也幫忙去問問大家吧！」說完以後就又飛走了。

過了一陣子，暴龍阿姨朝著牠們走了過來。
「阿姨，妳是這隻恐龍寶寶的媽媽嗎？」恐龍三兄弟問道。
「對呀！牠是我可愛到想一口吃掉的兒子。」
就在暴龍阿姨說謊，並且快要吃掉恐龍寶寶的時候 ——

砰！
「嗚啊～！」
暴龍阿姨的屁股突然被角刺到
慌慌張張地逃走了。

原來是三角龍爸爸和媽媽出現了。
爸爸和媽媽從無齒翼龍阿姨那裡聽到消息以後，
就趕了過來。

「媽媽！」
恐龍寶寶這樣叫喊著。

雖然還很小，但是恐龍寶寶的頭上也有著
跟爸爸和媽媽一樣的角。

那之後，恐龍三兄弟得到三角龍爸爸媽媽
充滿感謝的招待，吃得肚子飽飽的。

一起來畫畫看「劍龍」

讓我們跟著畫圖歌一起，試著畫出劍龍吧！
請先準備好紙跟畫筆唷。

給家人的話

先一邊快樂地隨著韻律歌唱，一邊由家人示範如何畫出來。想必孩子看了之後，也會湧現出興趣。

有一座　圓圓的 山

2

這邊的山路　扭啊扭

3

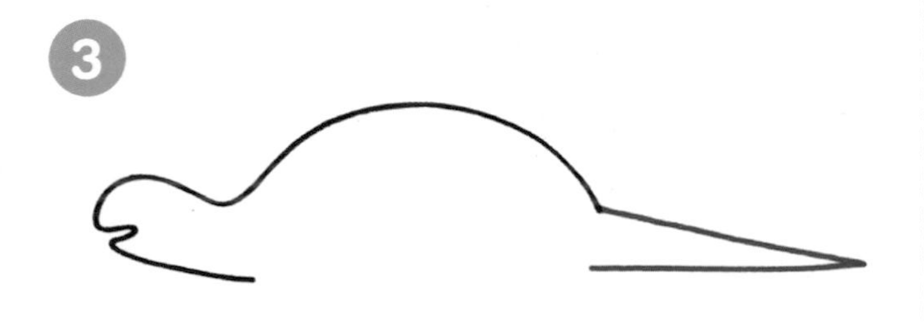

這邊的山路　急轉彎

4

山上長出　八根　小竹筍

5

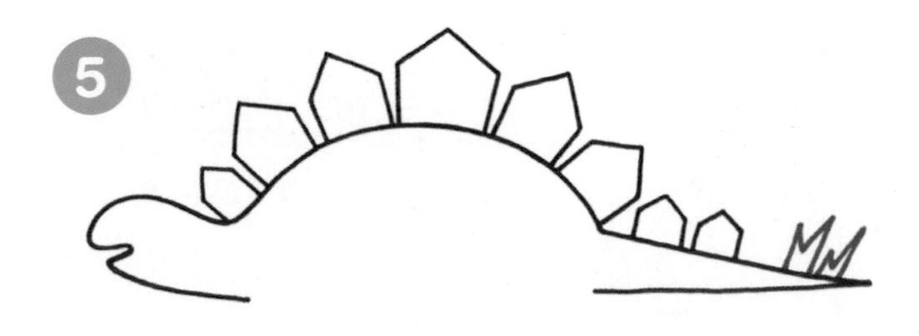

繼續長出　幾撮小草

6

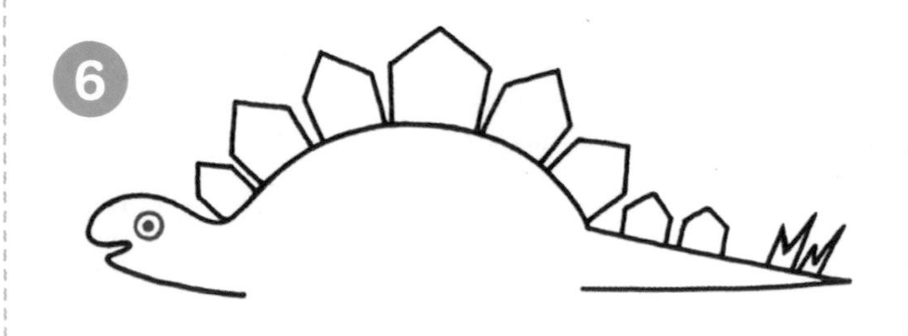

上面掉下　一顆荷包蛋

7

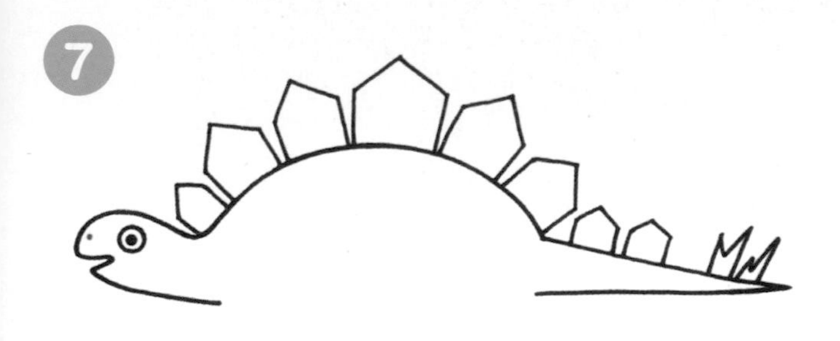

接著掉下 一顆小種籽

8

前腳穿上　一雙長靴

9

後腳穿上　一雙大長靴

10

轉眼之間

一起來畫畫看「暴龍」

讓我們跟著畫圖歌一起，試著畫出暴龍吧！畫好以後還要塗上顏色喔。

1

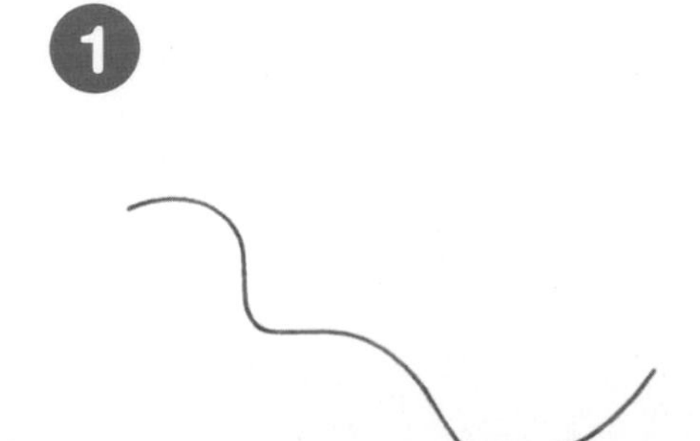

一條　彎彎曲曲的路

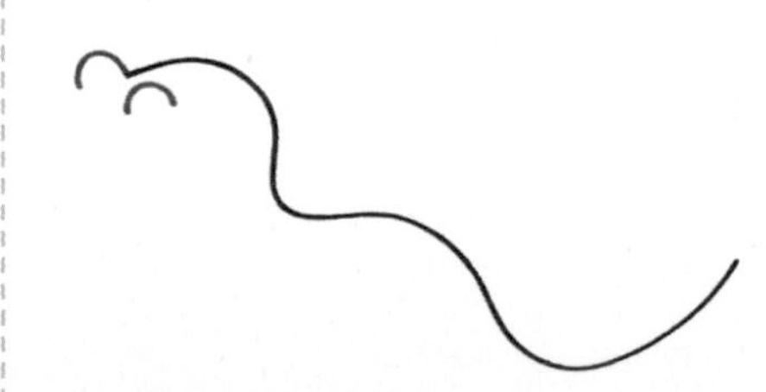

看見石頭　往下滾

3

找到一個　大山洞

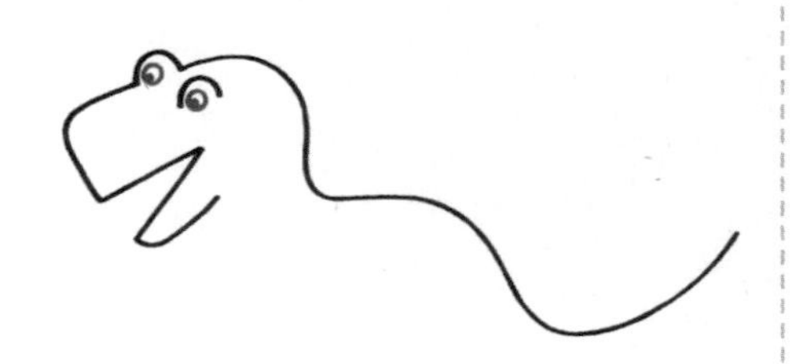

偷偷往裡面看

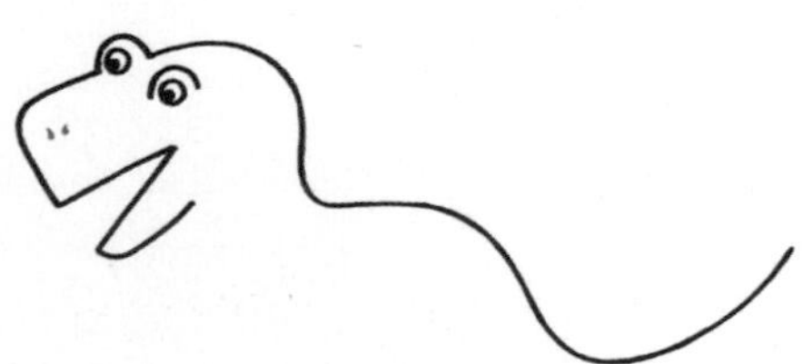

糖果 咚咚 掉下來

尖尖的石頭並列排

7

兩隻天鵝　輕輕擺

8

一陣風 輕輕吹來

9

四次打雷 轟隆隆

10

兩座小山上

11

四個小裂縫

12

轉眼之間

暴龍
畫好了！

逃離一群無齒翼龍

有好多無齒翼龍飛過來了！
請一邊通過橘色的熔岩上空，一邊避過無齒翼龍，
邁向終點吧！
有無齒翼龍的地方不能通過喔！
糟糕了！
要趕快逃走
才可以！
終點
答案在 126 頁

數量最多的恐龍是哪一種？

伶盜龍

異特龍

鸚鵡嘴龍

福井龍

這四種恐龍裡面，

數量最多的是哪一種呢？

也順便找一找數量最少的恐龍吧！

答案在 126 頁

尋找相同特徵的同伴組成隊伍

脖子很長　的隊伍

能在天空飛翔　的隊伍

暴龍

鹿

鳳蝶

薄板龍

仔細地看看大家的樣子，
將有相同特徵的動物組成一個隊伍。

每個隊伍分到的隊員都一樣多喔！

給家人的話

「長了羽毛」、「長了角」等，讓孩子去留意每個生物的外觀特徵。「因為脖子很長，所以可以看得很遠呢！」、「要怎麼樣才能在天空中飛？」像這樣引導孩子去思考對應的生物會如何活動，牠們又如何仰賴身體的特徵生活下去，也是相當富有樂趣的事。

有長角　的隊伍

用兩隻腳走路　的隊伍

腕龍

無齒翼龍

三角龍

小朋友

答案在 126 頁

恐龍生活的時代裡面，沒有哪些東西？

有好多恐龍和翼龍耶！

咦？仔細看的話，有一些東西不應該出現在恐龍時代。

請找找看吧！

找找看，一共有 5 個 東西喔！

給家人的話

陪著孩子一起看圖的時候，請不妨給予「恐龍時代有飛機嗎？」等話語引導。孩子聽到以後，應該就能發現到如何尋找不存在於恐龍時代之物的訣竅。當孩子找到答案之後，也請不吝給予「答對了！看得真仔細呢！」這樣的鼓勵。

答案在 127 頁

從圈字表裡面找一找

要找的東西

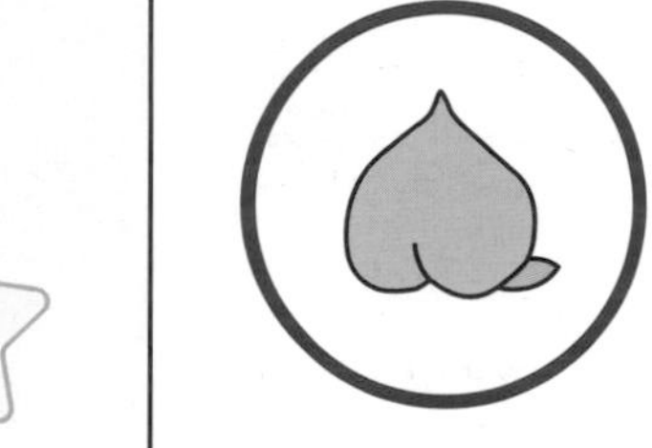
水蜜桃

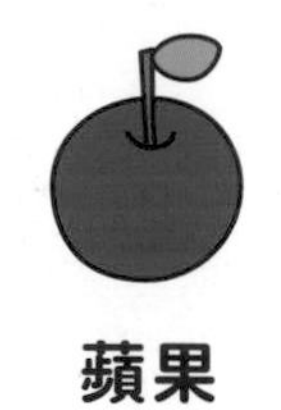
蘋果

無齒翼龍

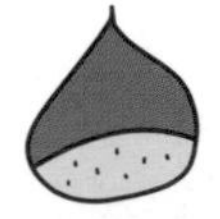
栗子

企鵝

大象

馬

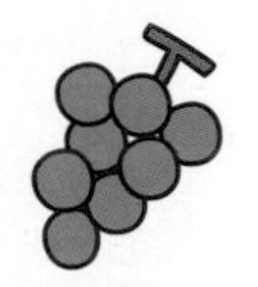

獅子

葡萄

貓咪

禽龍

請在右邊的圈字表裡，試著找出左邊列出的名字。

那些名字，全部都能找到嗎？

其他的名字也用同樣的方法找找看。

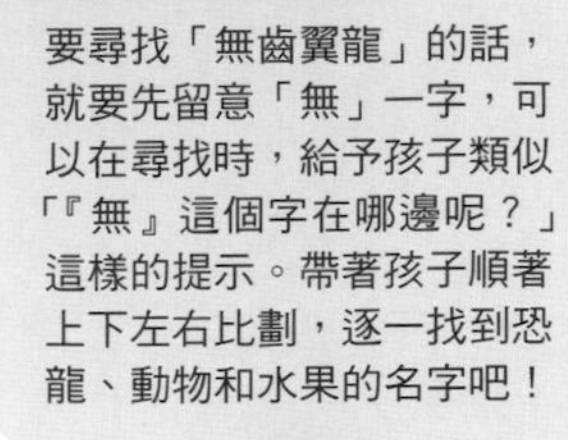

圈字表

水	蜜	桃	無	葡	栗
禽	獅	企	齒	萄	子
龍	子	鵝	翼	貓	蘋
大	象	馬	龍	咪	果

答案在 127 頁

倒映在湖水裡的倒影是哪一個呢？

五角龍寶寶

出現了一隻五角龍寶寶。

咦？當牠望向湖水裡面，卻出現了好多假的恐龍寶寶倒影。真正的恐龍寶寶倒影是哪一個？

給家人的話

可帶領孩子一隻隻仔細地比較恐龍本尊跟其他恐龍倒影。因為是倒映在湖水裡的倒影，所以是左右相反。當孩子不太容易給出答案時，可以引導孩子去留意五角龍骨盾的形狀和花紋、角的方向等細節，進而找出正確解答。

答案在 127 頁

哪一個才是我的影子呢？

濃霧裡面浮現了恐龍的影子。
跟劍龍樣子相同的是哪一個影子呢？

給家人的話

影子所透露的花紋、表情等線索相當地少，孩子也許會覺得很難。可以引導孩子將注意力放在恐龍身體或是尾巴的形狀、背板的數量等細節。在我們生活中也會在牆壁或地面上形成影子，有機會的話，也可以用手擺出簡單的影子遊戲，和孩子同樂。

●答案在 127 頁●

出發遊走甲龍的盔甲

這是甲龍的迷宮喔！
從尾巴的起點出發，
邁向頭部的終點。

答案在 127 頁

誰才是最重的恐龍？

劍龍

暴龍

有四隻恐龍在用蹺蹺板，比較牠們的身體重量。你知道哪一隻恐龍最重嗎？

也找找看最輕的恐龍是哪一隻。

給家人的話

引導孩子注意到蹺蹺板的傾斜，並提示「向下的一方較重」這個規則。「哪一邊的恐龍向下降？」、「那這邊的恐龍比較重呢！」像這樣帶著孩子逐一確認，讓孩子去思考哪隻恐龍最重？哪一隻恐龍最輕？進而發掘出答案。

禽龍

三角龍

答案在 127 頁

一起來認識「可愛的生物」

小朋友，除了認識恐龍，還有許多的生物等我們來認識哦！
沒看過的生物，請爸爸媽媽解釋給小朋友聽！

增加幼兒的字彙量，同時練習中英文發音。

螞蟻
Ant

狗
Dog

兔子
Rabbit

蝦子
Shrimp

狼
Wolf

烏龜
Turtle

長頸鹿
Giraffe

鯨魚
Whale

毛毛蟲
Caterpillar
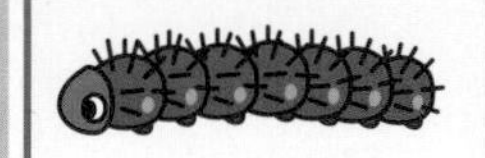

無尾熊
Koala

給家人的話

幼兒對圖像記憶的能力很強，家長可以先教孩子認識一頁的生物，等孩子熟悉之後，就可指著插畫反問孩子「這是什麼？」，或是反過來詢問「〇〇是哪一個？」等，一邊玩一邊學習正確圖文。

家長也可以這樣問孩子：
鼻子長長的是什麼動物？
脖子長長的是什麼動物？
走路很慢的是什麼動物？
會採花蜜釀蜂蜜的是？

鯊魚	斑馬	麻雀	蟬	大象
Shark	Zebra	Sparrow	Cicada	Elephant

章魚	**猴子**	**燕子**	**瓢蟲**	**老虎**
Octopus	Monkey	Swallow	Ladybug	Tiger

樹懶

Sloth

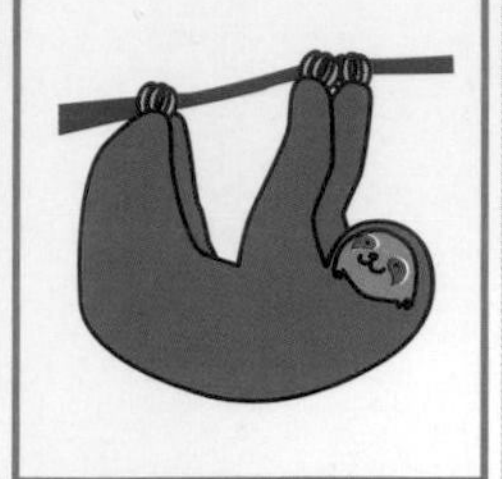

雞

Chicken

布偶

Stuffed animal

貓咪

Cat

野兔

Wild rabbit

蜜蜂

Bee

羊

Sheep

豬

Pig

蛇

Snake

螢火蟲

Firefly

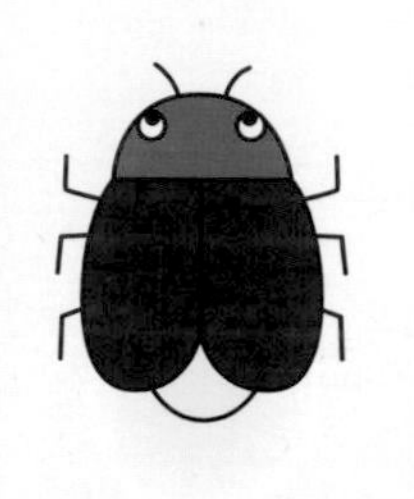

魟魚

Manta

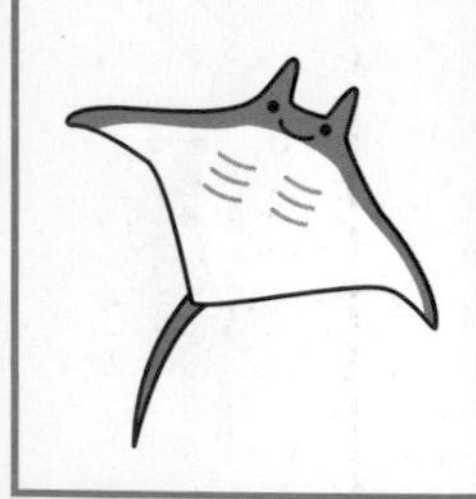

蚯蚓

Earthworm

飛鼠

Flying squirrel

青鱂魚

Rice fish

鼴鼠

Mole

山羊

Goat

紅嘴鷗

Black headed gull

灰鸚鵡

Grey parrot

獅子

Lion

松鼠

Squirrel

白腹藍姬鶲

Blue-and-white Flycatcher

小貓熊

Red panda

驢子

Donkey

鱷魚

Crocodile

讀書

Reading

博物館

Museum

大家一起來認識「ABC」

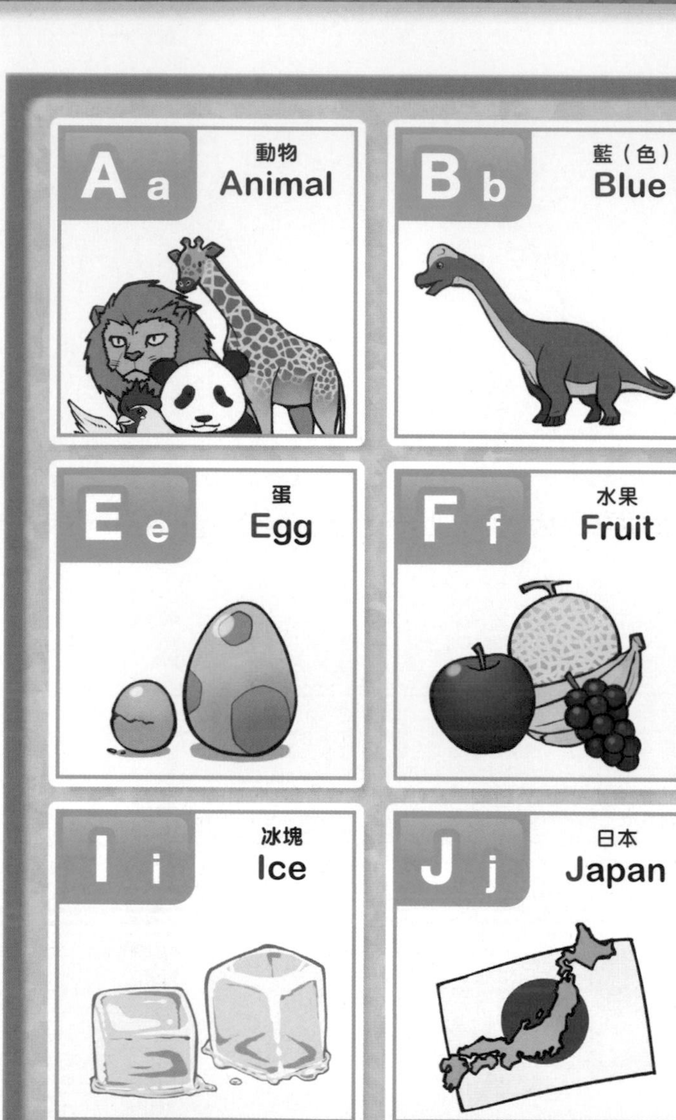

A a 動物 Animal

B b 藍（色） Blue

E e 蛋 Egg

F f 水果 Fruit

I i 冰塊 Ice

C c 車子 Car

D d 恐龍 Dinosaur

G g 綠（色） Green

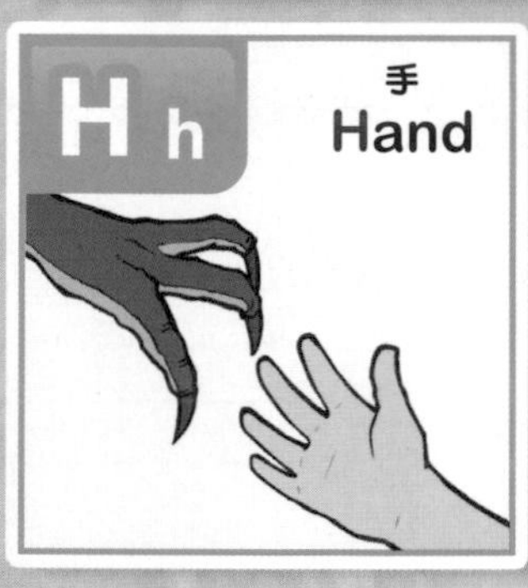

H h 手 Hand

J j 日本 Japan

K k 國王 King

L l 圖書館 Library

M m 早上 Morning

N n 晚上 Night

O o 海洋 Ocean

P p 鋼琴 Piano

從A到Z的英文字母，
還有從1到12的阿拉伯數字，
請發出聲音跟著唸唸看吧！

給家人的話

同一樣東西，有中文和英文兩種唸法，對小朋友來說是非常奇妙的事情。家長可以藉機會向孩子解釋，每個國家有不同的語言和文化，學習不同的語言，就可以跟外國人溝通交流。「小○最喜歡的『車子』英文要怎麼說？」像這樣一邊和孩子對話，一邊體會英文的樂趣吧！

眼力
大考驗

恐龍的世界地圖

魔法使
俄羅斯娃娃
俄羅斯聯邦
英國
德國
蒙古相撲
蒙古
日本
義大利
比薩斜塔
艾菲爾鐵塔
萬里長城
東京鐵塔
埃及
法國
中華人民共和國（中國）
史芬克斯
印度
印度象
南非共和國
無尾熊
指猴
袋鼠
馬達加斯加
共和國
澳大利亞
草原動物
南極大陸

這個世界上有很多國家和地區，
也有各地有名的東西。
咦？這裡面也藏了恐龍呢！
請試著找找看吧。

給家人的話

一邊問問孩子喜歡的國家名稱、有名的地點、有名的特產，一邊試著引導孩子對各個國家產生興趣。此外，畫中有幾個插畫變成了恐龍的模樣，也可以和孩子一起找找看。

餓肚子的恐龍三兄弟❷
「慈母龍餐廳」

餓肚子的恐龍三兄弟，常常都是餓著肚子。

「肚子好餓喔！」

「有什麼可以吃的東西嗎？」

「我餓到前胸貼後背了……」

恐龍三兄弟邊說邊走著，
找到了一群待在巢穴裡的慈母龍寶寶。

恐龍三兄弟暫時在旁邊觀望了一下，
看到慈母龍爸爸和媽媽帶回了許多
看起來很好吃的果實和嫩草。

慈母龍爸爸和媽媽把食物給了恐龍寶寶以後，就又出去繼續找食物了。因為恐龍寶寶食量很大，所以爸爸媽媽都忙著要找食物。

恐龍三兄弟把紅土塗到身上，跳進了慈母龍的巢穴裡。

恐龍三兄弟已經是大哥哥了，但就算牠們長再大，
也只會是體型很小的恐龍，剛好跟慈母龍寶寶一樣大。
而且牠們在身上塗了紅土，顏色看起來也很像，
只是稍微看一眼的話，根本就分不出差別。
在巢穴裡面等了一下，慈母龍爸爸和媽媽就又帶著食物回來。

「孩子的爸！我們的孩子是不是變多了？」
「嗯～有嗎？應該是妳的錯覺吧！」
慈母龍爸爸向慈母龍媽媽這樣說，
又一起出去尋找食物了。

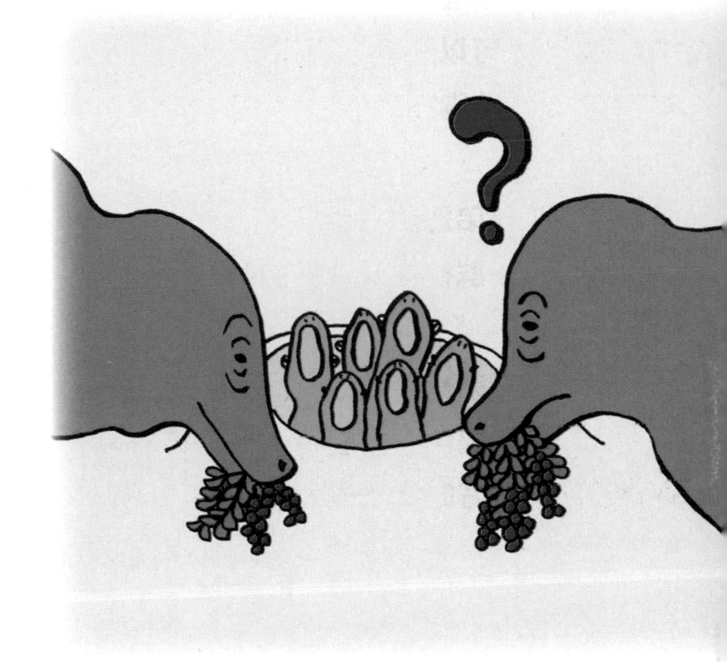

恐龍三兄弟就這樣冒充慈母龍寶寶來填飽肚子，
因為恐龍不太會數數字，
所以都沒有發現多了三隻小恐龍。

恐龍三兄弟吃飽以後，
跑到溫泉裡面洗掉身上的紅土，
好好地放鬆休息了一下。
在那之後，
牠們好像就將慈母龍的巢穴叫做
「慈母龍餐廳」。

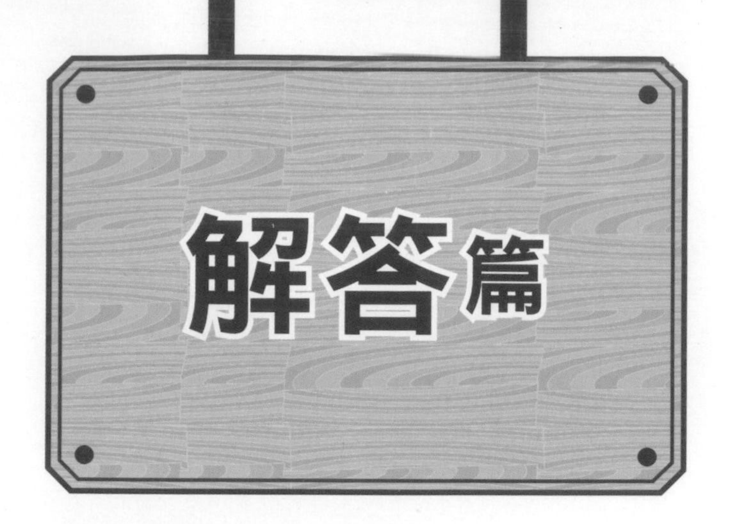

60-61 頁

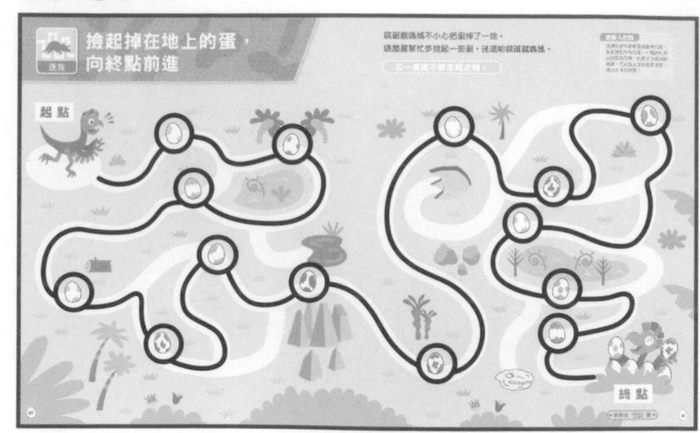

總共可以撿到 **14顆** 恐龍蛋喔！

62-63 頁

◯ 恐龍蛋的數量

9個

◯ 飛在空中的生物數量

6隻

◯ 紅色的生物數量

5隻

64-65 頁

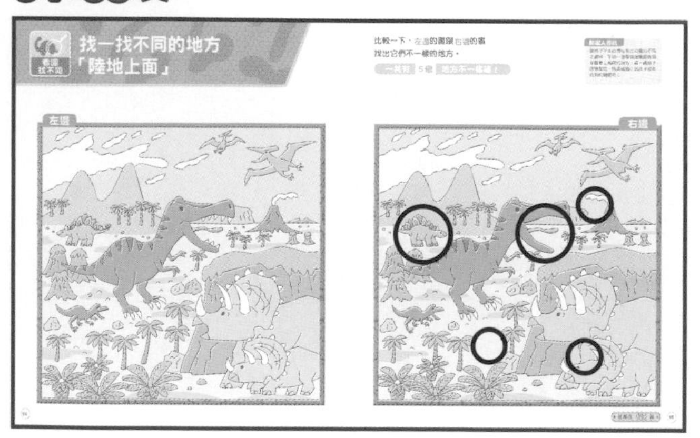

66-67 頁

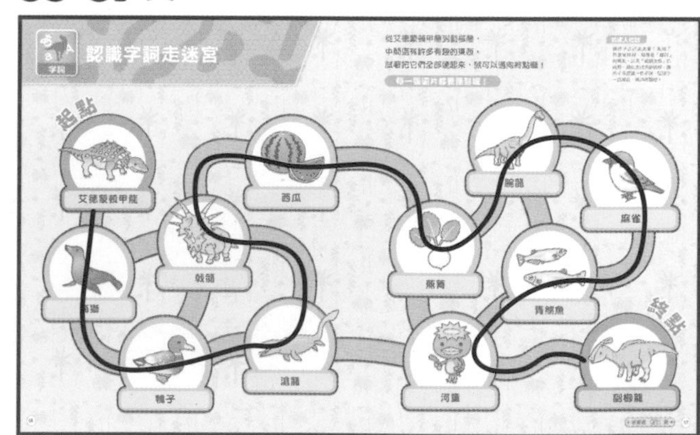

68-69 頁

70-71 頁

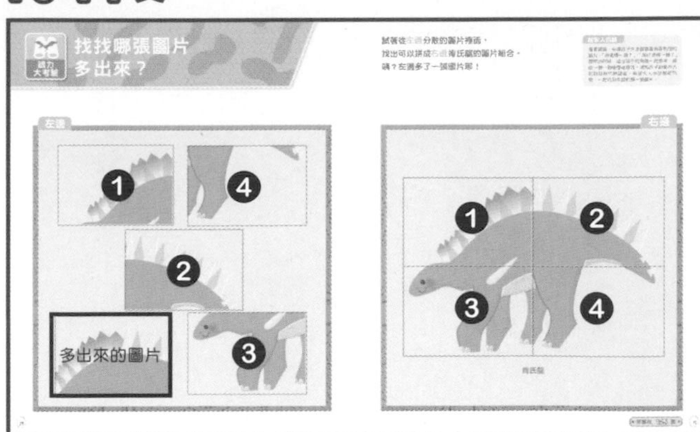

72-73 頁

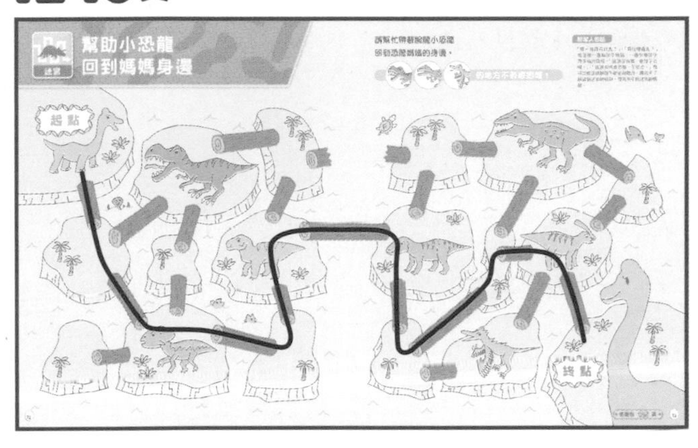

74-75 頁

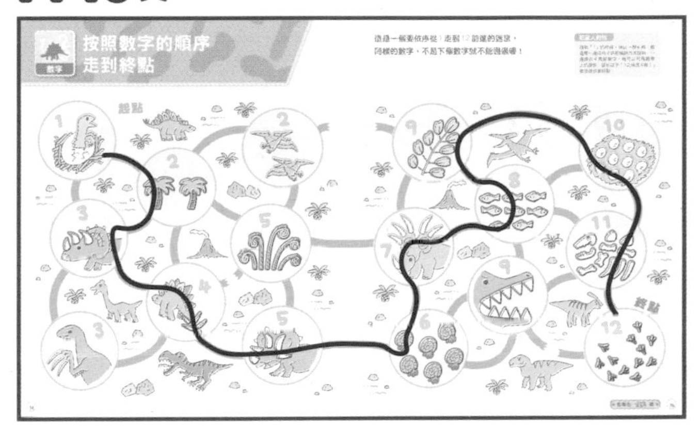

76-77 頁

84-85 頁

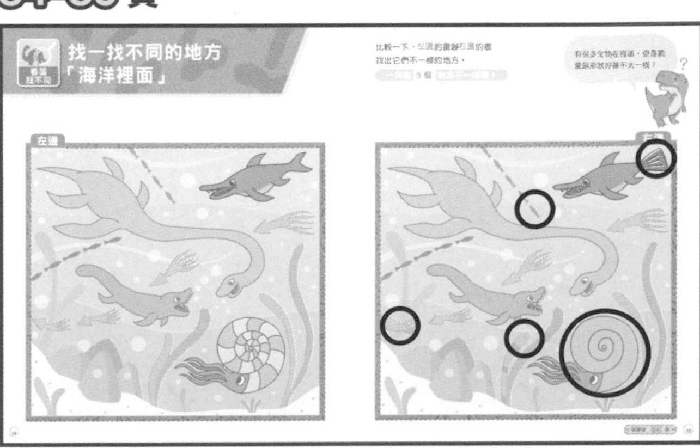

86-87 頁

88-89 頁

○…○ ○…△ ○…□

96-97 頁

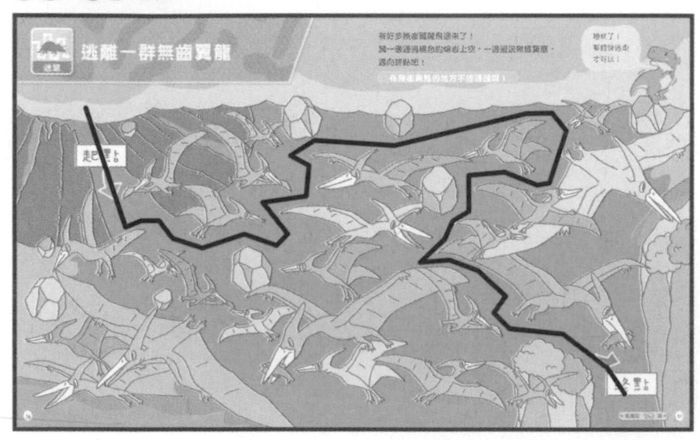

98-99 頁

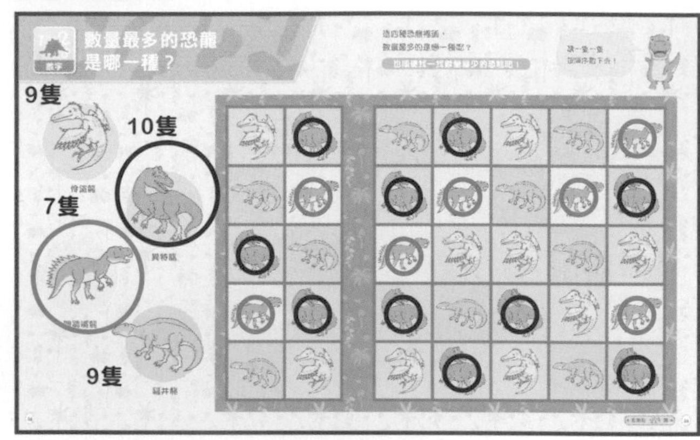

○ 數量最多的…異特龍

○ 數量最少的…鸚鵡嘴龍

100-101 頁

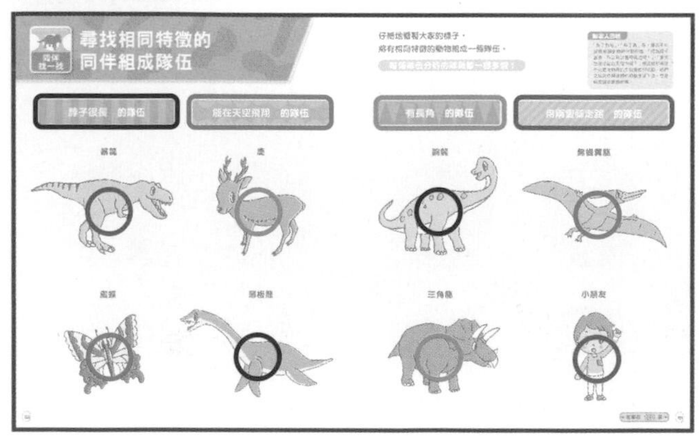

○ 脖子很長的隊伍

薄板龍、腕龍

○ 能在天空飛翔的隊伍

無齒翼龍、鳳蝶

○ 有長角的隊伍

三角龍、鹿

○ 用兩隻腳走路的隊伍

暴龍、小朋友

102-103 頁

104-105 頁

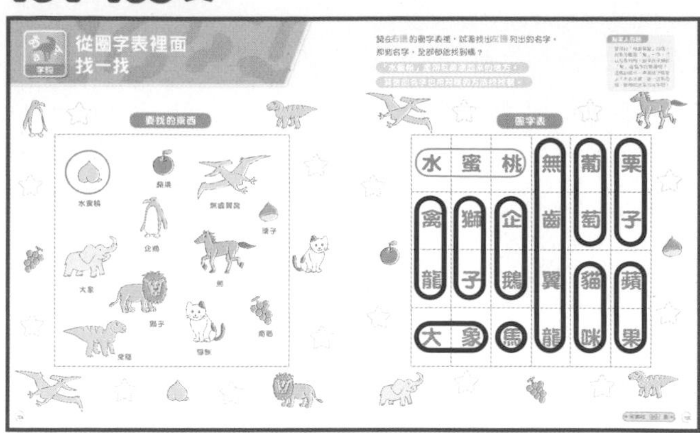

106-107 頁

108-109 頁

110-111 頁

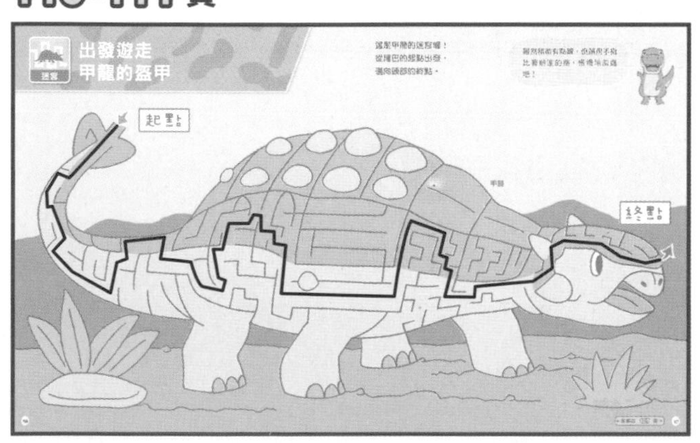

112-113 頁

最重的恐龍

暴龍

第二重的恐龍

三角龍

第三重的恐龍

劍龍

最輕的恐龍

禽龍

監修
群馬縣立自然史博物館

〒370-2345 群馬県富岡市上黒岩1674-1
TEL：0274-60-1200／FAX：0274-60-1250
HP：http://www.gmnh.pref.gunma.jp

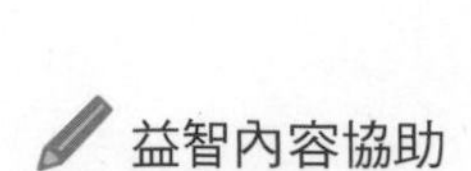

益智內容協助
鈴木八重子

日本兒童教育專門學校 綜合兒童學科 學科長

TITLE

親子一起玩恐龍

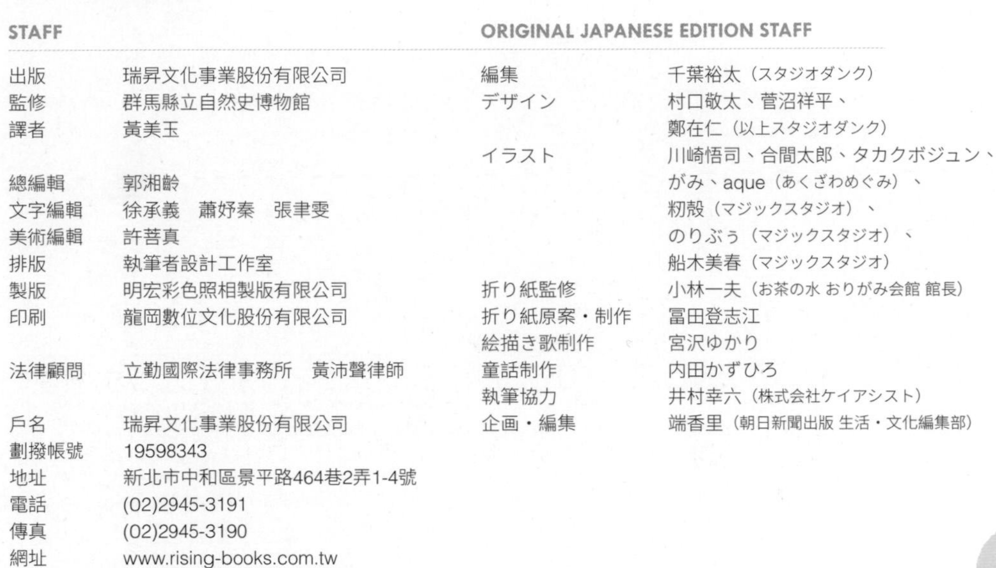

STAFF

出版	瑞昇文化事業股份有限公司
監修	群馬縣立自然史博物館
譯者	黃美玉
總編輯	郭湘齡
文字編輯	徐承義　蕭妤秦　張聿雯
美術編輯	許菩真
排版	執筆者設計工作室
製版	明宏彩色照相製版有限公司
印刷	龍岡數位文化股份有限公司
法律顧問	立勤國際法律事務所　黃沛聲律師
戶名	瑞昇文化事業股份有限公司
劃撥帳號	19598343
地址	新北市中和區景平路464巷2弄1-4號
電話	(02)2945-3191
傳真	(02)2945-3190
網址	www.rising-books.com.tw
Mail	deepblue@rising-books.com.tw
本版日期	2020年12月
定價	320元

ORIGINAL JAPANESE EDITION STAFF

編集	千葉裕太（スタジオダンク）
デザイン	村口敬太、菅沼祥平、 鄭在仁（以上スタジオダンク）
イラスト	川崎悟司、合間太郎、タカクボジュン、 がみ、aque（あくざわめぐみ）、 籾殻（マジックスタジオ）、 のりぷぅ（マジックスタジオ）、 船木美春（マジックスタジオ）
折り紙監修	小林一夫（お茶の水 おりがみ会館 館長）
折り紙原案・制作	冨田登志江
絵描き歌制作	宮沢ゆかり
童話制作	内田かずひろ
執筆協力	井村幸六（株式会社ケイアシスト）
企画・編集	端香里（朝日新聞出版 生活・文化編集部）

國家圖書館出版品預行編目資料

親子一起玩恐龍 / 群馬縣立自然史博物館監修；黃美玉譯. -- 初版. -- 新北市：瑞昇文化, 2020.09
128面；21 X 25.5公分
ISBN 978-986-401-434-7(平裝)

1.爬蟲類化石 2.通俗作品

388.794　　109011103